AF558004

Denkspiele für Hunde

Der große Hunderatgeber mit den 123 besten Hundespielen für mehr Agility, Intelligenz und Spaß - inkl. Denksport-Trainingsplan für eine optimale Förderung und Hundeerziehung

INHALT

Einleitung

Bei uns Menschen sagt man: „Ein gesunder Geist in einem gesunden Körper“, und, „Übung macht den Meister“, oder, „Wer rastet, der rostet“. Gehört haben Sie diese Redensarten sicher schon. Hier gibt es viele Sprichwörter und schon im alten Rom erkannte man, dass es ebenso wichtig ist, den Geist wie den Körper zu trainieren. Das gilt, wie wir heute wissen, in gleichem Maße auch für Tiere.

Je weniger die Hunde ihre ursprünglichen Aufgaben bei der Schafzucht, als Hütehund oder Rettungshund etc. verrichten können, umso wichtiger wird es auch, die Tiere geistig zu fördern, besonders so intelligente Tier wie Hunde. Rhodesian Ridgebacks wurden zum Beispiel oft bei der Löwenjagd eingesetzt, Dackel bei der Jagd etc.

Sie alle hatten einmal eine Aufgabe, die sie ausfüllten, die sie aber heute nicht mehr haben. Dennoch ist ihnen der Jagd- und Spieltrieb geblieben, sie wollen einfach jeden Tag beschäftigt werden. Viele Menschen möchten nicht mehr auf ihren treuen Vierbeiner verzichten, der sie durch die Höhen und Tiefen des Lebens begleitet. Natürlich möchten auch Sie nur das Beste für Ihren vierbeinigen Freund. Jeder Tierhalter möchte den Hund auch sinnvoll beschäftigen und viele Halter gehen mit ihren Tieren schon in die Welpen- oder in die Hundeschule bzw. zum Agility-Training. Das ist auch nicht falsch, sondern angeraten.

Wie beim Menschen so ist auch bei Hunden nicht nur die körperliche, sondern auch die geistige Gesundheit sehr wichtig. Das ist bei Hunden nicht anders als bei Menschen, bei denen das Gehirn auch immer gefördert werden muss, um auch im Alter leistungsfähig zu bleiben oder gar noch besser zu werden. Einfach dem Hund ein Spielzeug hinzuwerfen, fördert den Hund meist nicht so, wie der Besitzer es damit beabsichtigt. Der Hund lernt nicht, für seine Belohnung zu „arbeiten“ oder sich anzustrengen. Vielleicht mag es am Anfang etwas ungewohnt sein, auch Denksport mit Hunden zu betreiben, aber wenn man erst einmal damit beginnt, wird man sehen, wie wichtig auch dieses Training für den Hund ist. Hunde wollen nicht nur Bewegung und regelmäßigen Auslauf, sondern auch, dass sich der Halter immer und gern mit ihnen beschäftigt und mit ihnen zusammen Denksport übt.

Sinnvolle Denksportaufgaben nehmen in der Erziehung der Vierbeiner und auch später im Hundealltag einen immer größeren Rahmen ein. Und diese Denksportaufgaben sind nicht nur etwas für die Vierbeiner, sondern auch für Sie als Besitzer: Sie werden kreativ und denken sich immer neue Aufgaben für Ihren Hund aus, was auch Ihre Kreativität fördert. Und Bewegung macht in Gesellschaft schließlich auch mehr Spaß! Besitzer werden staunen, was ihre Vierbeiner alles leisten können, und stolz auf sie sein.

Dazu müssen die Vierbeiner keine „Profis" werden, wie etwa Rettungs- oder Blindenhunde: Nein, jedem Hund machen artgerechte und sinnvolle Denksportaufgaben Spaß. Der Hund wird auch ausgeglichener werden und der Denksport mit dem Vierbeiner stärkt auf jeden Fall auch die Beziehung zum Hund und wird ihn mehr an den Besitzer binden. Der Hund merkt, dass sich sein Besitzer um ihn kümmert und sich Aufgaben für ihn überlegt und wird dadurch sehr gern beim Denksporttraining mitmachen.

Hundebesitzern wird das regelmäßige Training mit dem tierischen Freund ebenfalls Spaß machen, sie kommen dabei raus und bewegen sich selbst mehr. Das fördert auch maßgeblich die Gesundheit der Besitzer. Wenn man sich mit anderen Hundebesitzern zu Denksportspielen verabredet, fördert das zudem auch noch den sozialen Kontakt und sorgt dafür, dass sich auch unter den Besitzern langjährige und gute Freundschaften entwickeln. Meist entdeckt man die Liebe zum Denksport mit Hunden beim Training auf dem Hundeplatz und in den meisten Fällen wird die Liebe, sich so intensiv mit dem Hund zu beschäftigen, an die Kinder weitergeben. Sie merken, wie viel Spaß es machen kann, den eigenen Hund zu fördern.

Am Anfang des Ratgebers beschäftigen wir uns damit, warum für Hunde der Denksport so wichtig ist.

Warum Denksport für Hunde so wichtig ist

Damit Ihr Hund glücklich und ausgeglichen ist, braucht er nicht nur das nötige Futter und die nötige Fürsorge, sondern Auslastung ist für den Hund genauso wichtig wie das tägliche Gassigehen. Auch Hunde müssen nicht nur seelisch, sondern auch geistig gesund sein, um lange zu leben. Denn auch bei Hunden bilden die Zellen im Gehirn neue Nervenverbindungen, wenn diese gefördert werden, ähnlich wie bei Menschen.

Je mehr Sie mit den Hunden trainieren, umso mehr können sich diese Nervenverbindungen festigen. Gerade in der heutigen Zeit, in der viele Hunde doch in Stadtwohnungen gehalten werden und vielleicht nicht so viel Auslauf haben wie früher, ist dies wichtig. Auch wurden Hunde früher als Schäfer- oder Wachhunde gehalten (besonders bestimmte Rassen, wie z. B. der Border Collie), was heute meist nicht der Fall ist. Natürlich gibt es auch heute noch Hunde, die als solches eingesetzt werden oder als Blinden- bzw. Polizeihund ihren „Dienst" verrichten, jedoch ist dies heute relativ selten der Fall.

Was also tun, wenn der Hund eine Aufgabe braucht? Ganz gleich, in welchem Alter, ob Welpe oder Hundesenior, Hunde wollen immer kreativ beschäftigt werden. So kommen sie erst gar nicht auf Gedanken, sich anderweitig zu beschäftigen und sich so zu verhalten, wie es der Besitzer vielleicht nicht so möchte. Menschen brauchen auch Gehirnjogging und sinnvolle Aufgaben, um geistig fit zu bleiben, dies ist eines der Grundbedürfnisse, die wir als Menschen haben.

Genauso ist es bei Hunden: Sind sie ausgelastet und sinnvoll beschäftigt, geht es ihnen auch gesundheitlich besser, denn dies trägt maßgeblich dazu bei. Die gute Nachricht ist: Jeder Tierhalter kann etwas für seinen Vierbeiner tun und seine Gesundheit fördern, indem er regelmäßig mit ihm trainiert. Und in jedem Alter kann damit begonnen werden, es ist nicht zu spät. Selbst Hundesenioren wird das Gehirntraining Freude bereiten und Sie werden staunen, wie fit diese dann doch noch sein können und was diese auch im Alter noch alles leisten und lernen können. Es ist hier nie zu spät, um mit dem Training zu beginnen. Hunde sind sehr intelligent und lernen schnell, auch beim Gehirntraining. Gehirntraining bewirkt keine Wunder, auch bei Vierbeinern nicht, und muss ständig wiederholt werden.

Wie beim menschlichen Training des Gedächtnisses braucht es auch bei Hunden Zeit, aber Sie werden sehen: Es lohnt definitiv! Knifflige Kommandos, die sonst vielleicht noch schwierig für den Hund sind, können von den Hunden besser erlernt und behalten werden. So fügt sich der Hund prima in den Haushalt ein und fühlt sich nicht zurückgesetzt oder unterfordert. Irgendwo ist hier für den Hund ein Stück Futter oder ein Spielzeug, was er gern hat, versteckt und der Hund muss es nicht nur finden, sondern er kommt auf dem direkten Wege nicht daran. Dafür muss sich der Hund erst eine Strategie überlegen, einen Mechanismus entschlüsseln und auch mal um die Ecke denken.

Sinnvoller Denksport für Hunde ist mehr, als ihm nur ein Leckerli zur Belohnung hinzuhalten, es fördert den Hund ebenso wie sein Herrchen bzw. Frauchen. Um eine lustige und spannende Zeit mit Ihrem Vierbeiner zu verbringen, müssen Sie kein Handwerksprofi oder besonders geschickt sein und Sie brauchen in der Regel auch kein spezielles Zubehör, es ist so einfach! Denksport für Hunde eignet sich für alle Rassen und es ist auch keine spezielle Ausbildung zum Hundetrainer notwendig, um Ihrem Vierbeiner etwas beizubringen. Sie werden sehen: Schon nach kurzer Trainingszeit kann Ihr Hund mehr als Pfötchen geben, Sitz oder Platz! Bei den hier vorgeschlagenen Spielen ist sicher auch für Ihren Liebling die passende Aufgabe dabei.

Denksport für Hunde fördert:

- **Die sensorische Auslastung:** Hunde bekommen durch Denksport die Gelegenheit, ihre Umwelt zu erleben und ihre Sinne zu entdecken. Dazu gehört für Hunde auch, einmal in Ruhe Dinge beschnüffeln und austesten zu dürfen. Und wo könnten sie das besser als beim Denksport mit ihrem Besitzer, wo dieser dies auch „kontrolliert“. Ist der Hund ausgelastet, wird er auch sonst im Alltag nicht „auf dumme Gedanken kommen“ und vielleicht im Haus eine Verwüstung anrichten. Er hat dann einfach Langeweile und weiß nicht, wie er sich sonst beschäftigen soll. Hunde erfahren so auch, was sie alles können und wie sie Situationen meistern können, auch wenn sie z. B. keine Blinden- oder Rettungshunde werden sollen. Wichtig ist, dass die Hunde ihre Sinne fördern, so wie wir dies als Menschen auch tun. Gerade bei älteren Hunden ist dies angeraten, wenn sie noch lange ein agiles und vollständiges Familienmitglied bleiben sollen. Denn auch bei ihnen nehmen die Sinne ab. Ganz wird man sie nicht wiederherstellen können, jedoch in jedem Falle verbessern. Die Alterserscheinungen werden auch beim Hund so etwas verzögert.

- **Die soziale Interaktion:** Hunde sind normalerweise Rudeltiere, sie benötigen die Interaktion mit anderen Artgenossen und ihren Besitzern. Sie brauchen Gesellschaft, Ansprache und wollen gefördert werden. Es reicht als Hundebesitzer nicht, dem Hund nur Fressen zu geben und regelmäßig zum Tierarzt zu gehen, gerade hochintelligente Hunde verkümmern regelrecht, wenn man sie nicht fördert und ihnen regelmäßigen Kontakt mit anderen Hunden ermöglicht. Darüber hinaus lernen auch Hunde am besten durch Beispiele und Lob. Ein Lob vom Besitzer macht den Hund stolz und gibt ihm Bestätigung. Sind Babys oder kleinere Kinder in der Familie, erkennt der Hund, dass er auch gefördert wird und wird die neuen Familienmitglieder viel eher akzeptieren.

- **Action und Bewegung:** In jedem Alter benötigen die Hunde regelmäßige Bewegung. Ganz gleich, ob Welpe oder älterer Hund, ob großer oder kleiner Hund, sie alle drängt es nach draußen, wenn auch in unterschiedlichem Umfang. Bewegung hält Hunde (und ihre Halter ebenso!) fit und gesund und schützt sie vor Übergewicht und vielen Krankheiten. Sinnvolle Bewegung fördert zudem ihren natürlichen Spieltrieb und sorgt dafür, dass Ihr Hund immer das Gefühl hat, etwas für Sie zu tun und stetig etwas Neues zu lernen.

• **Abwechslung bei der Ernährung und der Futtersuche:** Der Hund stammt von Wildtieren ab. Das bedeutet, dass er sich in der Regel sein Essen erarbeiten und nicht einfach nur vorgesetzt bekommen möchte. In der Natur wäre dies auch nicht so. Schließlich hat die Natur nicht immer das gleiche Nahrungsangebot und Beute will gejagt und erlegt werden. Auch wir Menschen schätzen und genießen ein gutes Essen eher, wenn wir es uns „erarbeitet" bzw. „verdient" haben. Genauso geht es Ihrem Hund. Bekommt er das Futter nur vorgesetzt, sieht er dies nicht als Luxus und Wohlstand an, sondern er ist meist viel zufriedener, wenn er es sich erarbeitet hat. Wenn dabei auch noch das Herrchen oder das Frauchen ihn lobt, ist dies noch besser für den Hund.

• **Denksport und Problemlösungsverhalten:** Sie haben sicher auch schon von Kindern gehört, die hochintelligent sind und in der Klasse einfach unterfordert sind. So geht es in etwa auch den intelligenten Vierbeinern. Sie wollen gefördert werden und eine Aufgabe haben. Border Collies waren beispielsweise früher oft Hütehunde, Schäferhunde oder Wachhunde am Hof. Diese Aufgaben haben die Hunde heute in der Regel nicht mehr (es sei denn, sie werden z. B. als Schäferhund, Jagdhund, Wachhund, Blindenhund, Rettungshund etc. eingesetzt), daher wollen Sie anders gefördert werden. Unterforderte Hunde zeigen manchmal ein nicht erwünschtes Verhalten wie etwa das Kaputt-Beißen von Socken oder das Herumkauen an Teppichen. Ausgelastete Hunde kommen kaum auf die Idee, so etwas zu tun. Nicht immer muss das Verhalten des Hundes auch so auffällig sein, aber unterfordert sind die Hunde auf jeden Fall, wenn man ihnen nicht das regelmäßige Denksporttraining anbietet.

• **Heilung bei Krankheit und Gesundbleiben**: Ein Hund wird auch krank, wenn mit ihm Denksport betrieben wird. Dennoch wird solch ein Hund immer agiler und fitter sein als andere Hunde, mit denen weniger Denksport betrieben wird. Es stärkt die geistige Gesundheit des Tieres und so machen diese Hunde auch bei der Genesung viel besser mit. Auch bei Hunden mit Handicap – oder gerade bei solchen Hunden – hilft gezieltes, regelmäßiges

Denksporttraining. Die erreichten Erfolge stärken auch die Persönlichkeit eines Hundes mit Handicap und helfen ihm, seine noch vorhandenen Fähigkeiten noch besser zu nutzen als bisher. Und ja, auch Hunde benötigen Selbstvertrauen und brauchen Bestätigung, um gesund zu sein, genau wie wir Menschen!

- Durch regelmäßiges Training und gemeinsame Erfolge **fördern Sie auch die Bindung** zu Ihrem Hund, denn sie schweißen den Hund und seinen Besitzer/ seine Besitzerin noch stärker zusammen. Und wie wichtig dies für ein gutes Zusammenleben ist, können Sie sich sicherlich denken.

Sie sehen: Es gibt viele Gründe, die für den Denksport mit Hunden sprechen und die dazu beitragen, das Verhältnis zu Ihnen zu festigen.

Die wichtigsten Regeln für ein erfolgreiches Denksport-training für Hunde - Allgemeine Grundsätze

Denksport mit Hunden macht – richtig ausgeführt – richtig Spaß und sowohl der Hund als auch Herrchen profitieren davon. Damit der Denksport dem Hund auch hilft, sollten ein paar essenzielle Regeln (wenn auch nicht viele) beachtet werden:

- Geben Sie Ihrem Hund Zeit. Am besten trainieren Sie mit Ihrem Tier, wenn Sie Zeit haben und nicht zwischen Tür und Angel. Wie wir Menschen müssen auch Hunde das trainierte verinnerlichen und verarbeiten. Hektik und Zeitdruck werden den Denksport-Erfolg mindern. Wenn Sie sehr viel Stress haben, dann trainieren Sie besser mit dem Hund später. Bedenken Sie immer, dass es vielleicht gerade mal eine halbe Minute dauert, ein Leckerli zu verstecken, der Hund aber 10 Minuten und vielleicht noch mehr Zeit benötigt, bis er das Leckerli auch wirklich gefunden hat.

- Werden Sie nicht gleich ungeduldig, wenn Ihr Hund die Übung nicht sofort versteht oder so ausführt, wie Sie es sich vorstellen. Wie beim menschlichen Gedächtnistraining müssen Sie auch beim Denksporttraining für Hunde die Übungen eventuell mehrmals wiederholen, bis diese richtig sitzen. Das hängt auch von der Rasse (und den Vorlieben der Rassen), der Persönlichkeit des Hundes, dem Alter des Hundes und seiner Intelligenz zusammen. Auch die Erfahrungen, die der Hund bisher gemacht hat, spielen hier eine wichtige Rolle. Sollte der Hund die Übung nicht sofort hinbekommen, sollten Sie ihn nicht bestrafen, sondern ihm gut zureden und die Übung gegebenenfalls wiederholen. Der Hund wird die Übung sicher bald verstehen und er sollte auf jeden Fall die Gelegenheit bekommen, aus seinen Fehlern zu lernen oder

Dinge selbst zu erkunden.

• Wählen Sie zum Üben artgerechte Übungen. Es müssen nicht exakt dieselben Übungen sein, wie diese hier vorgestellt werden. Die hier gezeigten Übungen sollen Anregungen geben und Ihre Kreativität fördern. Je kreativer Sie bei den Übungen sind, umso mehr Spaß werden Sie auch mit Ihrem Hund bei den entsprechenden Lektionen haben. Immer sollten die Übungen den natürlichen Trieb des Hundes ausnutzen. Hunde beschnüffeln zum Beispiel von Natur gern, sodass dies ein bewährtes Mittel beim Denksport für Hunde ist. Schwimmt der Hund z. B. gern, bieten sich im Sommer Outdoor-Übungen am See an. Wenn Sie mit dem Hund spielen, werden Sie auch beispielsweise merken, welches Spielzeug der Hund gern benutzt und womit er gern spielt. Sie können bei den Denksport-Spielen gern den natürlichen Spieltrieb des Hundes ausnutzen. Ja, Sie sollten es sogar tun! Denn was dem Hund Spaß macht, das lernt er gern!

• Überfordern Sie den Hund nicht. Verteilen Sie die Lektionen lieber und üben Sie (sofern der Hund in Form ist) regelmäßig einige Minuten. Hundedenksport erfordert regelmäßige Wiederholung – ganz wie beim Menschen. Eine Unterbrechung für die Denksport-Lektion kommt sicher auch Ihnen gelegen und ist ein willkommener Ausgleich zum hektischen Alltag. Denken Sie auch daran, dass Ihr Hund genügend Schlaf braucht, um das Gelernte zu verarbeiten, genau wie der Mensch. Bei einem Hund heißt genügend Schlaf 15–20 Stunden am Tag, was aber nicht bedeutet, dass Hunde so lange im Tiefschlaf sind. Manchmal schauen Sie nur vor sich hin, aber sie brauchen wie der Mensch genug Auszeit, um aufnahmefähig zu sein.

• Achten Sie darauf, dass die Übungen regelmäßig wiederholt werden und sorgen Sie zwischenzeitlich auch einmal für Abwechslung, damit es Ihrem Hund nicht langweilig wird. Denken Sie immer daran: Sie als Hundehalter sollen dafür sorgen, dass es dem Hund gutgeht und er ausgeglichen ist, Sie haben die Verantwortung für die geistige körperliche Gesundheit des Hundes.

• Erwarten Sie nicht zu viel von Ihrem Hund, denn auch dies wird Ihren Denksport-Erfolg mindern. Jeder Hund lernt in seinem Tempo und manche Tiere benötigen einfach etwas mehr Zeit, um die eine oder andere Lektion richtig zu lernen. Wenn eine Übung einmal nicht so funktioniert, wie es sein soll, bestrafen Sie den Hund nicht. Belohnen Sie ihn aber, wenn er die Aufgabe richtig bewältigt hat. Das spornt auch den Hund an.

Denken Sie immer daran: Nur die Übung macht den Meister! Zwang hingegen wirkt sich eher ungünstig auf den Hundedenksport aus. Der Hund merkt, dass er zu etwas gezwungen wird. Den Willen und die Motivation (Leckerli als Belohnung zu bekommen, Herrchen und/oder Frauchen gefallen) etwas zu lernen, hat der Hund ja. Im Grunde genommen ist es auch hier so wie beim Menschen auch: Was wir unter Zwang verrichten sollen, machen wir nicht gern. Wir haben nur Freude daran, neue Dinge zu erlernen, wenn wir diese auch wirklich mögen. Werden wir zu etwas gezwungen, dann sind wir meist nur sehr halbherzig bei der Sache.

***Tipp*:** Damit Sie und auch Ihr Hund einen Erfolg haben, teilen Sie die Lernziele in verschiedene Abschnitte auf. Man nennt dies die sogenannte „Salamitechnik“. Das bedeutet: Steigern Sie die Übungen immer Schritt für Schritt, sodass es Ihrem Hund nie langweilig wird, er (und sein Herrchen bzw. Frauchen natürlich auch) aber auch immer einen Erfolg erkennt. Auch für Tiere ist Bestätigung wichtig! Hier einmal Beispiele dafür:

➢ Der Hund soll ein Snackpaket auspacken, das mit Papier umwickelt ist und um das auch noch ein Karton gepackt wurde. Ein Hund, der eine solche Aufgabe noch nicht bekommen hat, wird diese so auf Anhieb nicht lösen können. Daher starten Sie langsam und wickeln Sie das Leckerli erst einmal nur ganz locker in Papier ein. Wickeln Sie nun nach und nach das Papier immer fester um das Leckerli und packen Sie schließlich alles in einen Karton. Da die Schwierigkeitsgrade stufenweise erhöht werden, wird sich bei Ihrem Hund der Lernerfolg beim Training sehr schnell einstellen. Denn das Tier erkennt durch die Teilerfolge, dass es etwas leisten kann.

➢ Sie möchten, dass der Hund seine Angst überwindet und haben dazu in Ihrem Wohnzimmer einen kleinen Parcours für den Hund aufgebaut. Der Hund soll beispielsweise über eine Plastikplane geben und durch einen Tunnel aus Decken laufen. Sie sehen, dass der Hund sich nicht traut. Wird hier nachgeholfen und der Hund mit Gewalt dazu gezwungen, durch den Parcours zu gehen, dann wird er daraus nichts lernen und so etwas immer meiden. Daher ist es besser, die Hindernisse aufzuteilen und den Hund erst einmal durch einen „Tunnel" in Form eines Stuhles und dann durch einen Tunnel mit einer Plastiktüte oben gehen lassen. Schließlich können Sie eine Wolldecke nehmen. Der Hund lernt also scheibchenweise, einen solchen Hindernisparcours zu überwinden.

➢ Auch hier können Sie die Herausforderungen stetig steigern und die Anzahl der zu überwindenden Hindernisse für den Hund langsam erhöhen. Die Aufteilung der Übung in unterschiedliche Unterübungen hat noch einen entscheidenden Vorteil: Sie erkennen genau, wo Ihr Hund Schwierigkeiten hat und wo er noch Unterstützung benötigt. Vielleicht fällt es dem Hund leicht, durch einen Stuhl zu laufen, aber eben nicht durch eine Wolldecke. Dann können Sie dies gezielt mit ihm üben, zum Beispiel durch Tunnel, die immer niedriger und somit schwieriger werden.

• Kleine Schritte sind für den Hund wichtig, aber ebenso wichtig ist beim Denksporttraining auch die richtige Umgebung. Diese sollte möglichst ablenkungsarm für den Hund sein. Nicht nur Sie sollten sich während des Trainings ganz dem Hund widmen und nichts anderes machen, nein, auch der Hund sollte möglichst nicht abgelenkt werden.

• Geizen Sie nicht mit Belohnungen, das Belohnungs-Leckerli kann ruhig qualitativ sehr hochwertig sein und die Menge des Belohnungs-Futters sollte auch nicht zu gering sein, besonders am Anfang. Später kann sich das dann ändern, aber eine Belohnung (also etwas, das der Hund wirklich sehr mag) sollte es für den Hund immer geben. Lieber geben Sie ihm regulär dann weniger zu fressen. Das Lieblingsspielzeug als Belohnung darf natürlich auch nicht fehlen. Wenn ein Hund ein Spielzeug nicht so mag – wie wäre es, wenn

Sie mit anderen Hundehaltern mal tauschen und so herausfinden, was der Hund wirklich mag und was ihn zum Denksport anregt?

• Beenden Sie das Denksporttraining immer dann, wenn es am schönsten ist. Dann haben sowohl Hundehalter/Hundehalterin und Hund etwas davon und freuen sich schon aufs nächste Mal. Lieber 5 Minuten effektives Training am Tag als eine Stunde am Wochenende, die Ihren Hund vielleicht überfordern könnte. Wenn der Hund beim Denksport tatsächlich „voll in Fahrt" gekommen ist, können Sie ihm etwas zu kauen geben oder ihn etwas erschnüffeln lassen, damit er wieder „runterkommt", ähnlich wie der Schluss einer Sport-Trainingseinheit. Wenn Sie das Training rechtzeitig beenden, wird der Hund dabei auch immer viel Spaß haben und sich darauf freuen.

• Beziehen Sie bei einem Familienhund immer alle Mitglieder ein. Zeigen Sie dem Hund auch die Übungen mehrmals. Der Hund merkt so, dass er ein vollwertiges Mitglied ist und wird umso mehr bei den Übungen mitmachen. Gern können Sie die Übungen auch mit anderen Hunden – zum Beispiel den Hunden des Nachbarn oder von Freunden – zusammen machen. Dann bekommen die Hunde gleichzeitig auch noch wichtigen Kontakt zu Artgenossen.

• Seien Sie nicht enttäuscht, wenn Ihr Hund einmal einen schlechten Tag hat. Das kann immer vorkommen. Durch den Denksport bekommt der Hund jedoch eine Aufgabe, ein neues Tätigkeitsfeld, in dem er auch seine tierischen Fähigkeiten gut ausleben kann. Den Hund fordert die neue Aufgabe, er wird ausgeglichener und nicht mehr so leicht reizbar.

• Sie sollten beim Denksport für Hunde daran denken, dass Sie den Hund während der Übungen immer im Auge haben und dass Sie bei den Übungen nichts anderes machen und sich nur auf den Hund konzentrieren. Wenn es keine Action gibt, langweilen sich Hunde gern mal. Das kommt daher, dass Hunde ihr Verhalten im Rudel anpassen. Tiere im Rudel schauen sich immer den Rudelführer (in dem Falle Herrchen oder Frauchen) an und richten sich nach ihm. Tiere im Rudel wollen so vermeiden, dass es in der Gruppe ein

Ungleichgewicht gibt. Wenn eine Verfolgungsjagd ansteht, sollten alle Tiere des Rudels möglichst ausgeruht und bereit für die Jagd sein. Auch unsere Haushunde verhalten sich noch so: Sind wir inaktiv, so sind sie es auch. Wenn Sie noch jung und unerfahren sind, laufen Sie uns auch immer bei jedem unserer Schritte hinterher, wenn wir mal in einen anderen Raum gehen. Werden die Hunde älter, so merken Sie, wann wir Ruhe brauchen und verhalten sich dann auch ruhig. Sie beobachten die Besitzer bzw. ihre Familie dann von einem günstig gelegenen Platz (etwa Flur oder Türschwelle, Körbchen im Wohnzimmer, wenn wir da gerade am PC arbeiten usw.) aus, von dem sie alles überblicken können, was wir machen.

• Ist Ihrem Hund langweilig, so wird er sich viel hinlegen und sich so indirekt seinem Herrchen oder Frauchen anpassen. Der Stoffwechsel des Hundes wird heruntergefahren und die Ausschüttung der Hormone beim Hund wird verändert. Das kann dazu führen, dass der Hund völlig antriebslos und auch appetitlos ist und überhaupt nicht mehr spielen möchte. Problematische Hunde ruhen am Tag sogar bis zu 20 Stunden lang. Langeweile beim Hund trägt außerdem dazu bei, dass Verhaltensprobleme wie etwa unerwünschtes Bellen oder Hochspringen an anderen Leuten zunehmen, denn der Hund möchte Aufmerksamkeit. Wenn man die Hunde dann bestraft, kann dies zur sogenannten „erlernten Hilflosigkeit“ führen, einer Art Depression. Sorgen Sie also dafür, dass bei den Denksportübungen bei Ihrem Hund möglichst keine Langeweile aufkommt und zeigen Sie ihm, dass Sie sich nun ganz auf ihn konzentrieren. Hunde merken dies!

• Geistige Leistung macht einen Hund in der Regel nicht so müde wie körperliche Aktivität. Versuchen Sie daher immer, Denksport und körperliche Aktivität zu verbinden. Denken Sie daran: Beim Menschen ist dies nicht anders. Wenn man hier Denkaufgaben mit einer körperlichen Aktivität verbindet, so kann man Dinge viel besser im Gedächtnis behalten. Wenn Sie bei Ihrem Hund für beides – sowohl geistige als auch körperliche Aktivität – Sorge tragen, so wird Ihr Hund nicht nur gelehrig, auch das Zusammenleben wird leichter und der Hund wird ausgeglichener und „pflegeleicht“.

- Die Übungen, die der Hund durchführt, müssen nicht immer perfekt sein, um die Aufgaben zu erfüllen. Hauptsache, der Hund macht mit. Es geht darum, dass der Hund an sich etwas lernt und etwas von den Übungen hat. Der Hund muss diese Übungen nicht perfekt vorführen und bekommt dafür auch keine Note.

- Vergessen Sie auch die Belohnung für den Hund nicht. Er muss die Belohnung auch genau zuordnen können. Am besten eignen sich hierzu immer Futter oder Spielzeug, wobei das Futter immer die bessere Wahl ist, da es den Hund nicht so ablenkt, wie es manches Spielzeug tut. Aber denken Sie daran, das Futter dann auch immer von der Tagesration des Hundes abzuziehen, damit der Hund nicht zu viel an Gewicht zunimmt. Durch die Beschäftigung kann es hier sogar sein, dass Hunde, die sonst nicht so viel fressen und die man sonst mit absoluten Top-Leckerli wie Putenfleisch oder Fleischwurst zum Fressnapf locken muss, plötzlich viel mehr essen.

Im nächsten Kapitel gibt es schon einmal ein paar Anregungen, wie man den Hund hervorragend zum Denksport anregen kann. Die meisten Übungen dazu lassen sich auch prima in den normalen Alltag einbeziehen und auch durchführen, wenn man mal nicht so viel Zeit hat. Wichtig ist dort nur, dass die Übungen – wie oben genannt – regelmäßig durchgeführt werden und dass Sie dem Hund während der Zeit Ihre ganz Aufmerksamkeit zukommen lassen.

Einfaches Denksporttraining beginnt schon beim Spazierengehen!

Schon kurz vor dem Spazierengehen und auch während des Gassigehens mit Ihrem Hund können Sie mit dem Hund üben, was sich prima in den Alltag einbauen lässt! Besonders gut ist ein Training im Wald, wo man sehr viel mit dem Hund machen kann. Anfangen können Sie hierbei schon bei der Vorbereitung zum Spaziergang.

1. Übung und Ziel mit dem Hund: *Der Hund soll selbstständig in sein Halsband schlüpfen.*

Sie halten Ihrem Hund vor dem Spaziergang sein Halsband hin und er schlüpft selbstständig ohne Ihre Hilfe mit seinem Kopf in das Halsband. Halten Sie das Halsband Ihres Hundes (dabei sollte die Kette mit den gespreizten Fingern offengehalten werden, damit der Hund auch wirklich hineinschlüpfen kann) direkt vor seine Nase.

Mit der anderen Hand halten Sie dann ein Leckerli zur Belohnung davor, um dem Hund einen Anreiz zu geben, selbstständig mit seinem Kopf durch sein Halsband zu schlüpfen. Dabei geben Sie dem Hund ein Kommando (das kann z. B. „anziehen" sein oder ein ähnliches Wort). Sobald Ihr Hund das verstanden hat, können Sie die Übung vor dem Gassigehen ohne das Leckerli versuchen.

Allerdings sollte dies schnell gehen und, wenn der Hund ins Halsband geschlüpft ist, sollten Sie möglichst schnell die Türe öffnen. So kann der Hund das Verhalten dann auch genau nachvollziehen. Hat Ihr Hund dies verstanden, können Sie den Schwierigkeitsgrad auch noch etwas höher gestalten. So können Sie beispielsweise das Halsband auch mal höher oder tiefer halten oder das Halsband dabei etwas bewegen. Fortgeschrittene können mit dem Halsband dann auch schon beim Hineinschlüpfen in das Halsband langsam in Richtung Tür gehen und sich dabei etwas vom Hund wegbewegen. Das erfordert dann noch mehr Koordination von Ihrem Hund.

---

2. Übung und Ziel mit dem Hund: *Das Herbeiholen oder auch Apportieren der Leine.*

Als Erstes spielen Sie mit der Leine, um dem Hund einen Anreiz zu schaffen und die Leine für ihn auch interessanter zu machen. Dann werfen Sie die Leine etwas von sich weg und geben dem Hund ein Kommando wie z. B. „Bring die Leine". Nun lassen Sie den Hund zu Ihnen kommen. Bringt er dabei die Leine mit, dann geben Sie ihm dafür ein Leckerli und nehmen die Leine. Hat Ihr Hund dies verstanden, können Sie die Leine in Haustürnähe verstecken. Ihren Hund schicken Sie dann mit demselben Befehl zur Tür.

Auch hier kann man dem Hund ein Leckerli anbieten und mit ihm zur Belohnung spazieren gehen. Auch hier können Sie Schritt für Schritt den Schwierigkeitsgrad erhöhen und sich ein immer schwierigeres Versteck für die Leine ausdenken. Vergessen Sie dann aber auch nie, dass der Hund eine Belohnung (den Spaziergang) braucht.

Eine gute Übung während des Spazierengehens ist das *Lecken der Schnauze,* unsere **3. Übung.** Diese Übung hat zum Ziel, dass der Hund auf Ihren Befehl hin seine Schnauze von einem Mundwinkel bis zum anderen Winkel leckt.

Setzen Sie dazu den Hund ab, stellen Sie sicher, dass er das Belohnungs-Leckerli sieht und bewegen Sie Ihre Hand mit der Leckerli-Belohnung langsam auf den Hund zu, bis sie kurz vor seiner Nase ist. Dann bewegen Sie die Hand mit dem Leckerli wieder weg von der Nase. Sobald Sie die Zungenspitze sehen, geben Sie dem Hund ein Kommando wie etwa „Schnauze lecken". Das Leckerli als Belohnung sollte der Hund dabei schnell bekommen. Steigern können Sie den Schwierigkeitsgrad der Übung, indem Sie das Leckerli erst dann dem Hund geben, wenn Sie immer mehr von seiner Zunge sehen. Dies machen Sie so lange, bis der Hund tatsächlich seine Schnauze leckt. In der Regel lernen Hunde dies recht schnell.

Vielen bekannt ist auch die **4. Übung** *„Gib Küsschen“*. Das Ziel der Übung ist es, dass Ihr Hund Ihren Mund, Ihr Kinn oder Ihre Wange leckt, wenn Sie ihn um ein Küsschen bitten.

Da dies im Naturell eines Hundes verankert ist, lernen Hunde diese Übung in der Tat sehr schnell. Dazu bewegen Sie Ihren Kopf langsam zu Ihrem Hund und wenn er dann zu lecken beginnt, geben Sie ihm einen Befehl und natürlich auch eine Bestätigung (Spielzeug, ein Leckerli ...), damit der Hund weiß, dass er das gemacht hat, was Sie von ihm wollten. Sie sollen bei der Übung aber darauf achten, dass der Hund das wirklich nur dann macht, wenn er das Kommando dazu bekommt und nicht bei fremden Leuten.

Auch die **5. Übung** *„Flüstern“* kann gut auf einem Spaziergang durchgeführt werden. Ziel dieser Übung ist es, dass Ihr Hund sich Ihrem Ohr nähert, als wenn er Ihnen etwas erzählen wollte.

Wenn Sie leise Ihrem Hund das Kommando geben *„Erzähl mir etwas“*, soll der Hund seine Nase für einige Sekunden an Ihr Ohr halten. Am einfachsten erlernt Ihr Hund dies, wenn Sie sich etwas Leckeres an Ihr Ohrläppchen schmieren (das kann Leberpastete oder Ähnliches sein, irgendetwas, das der Hund sehr gern isst ...). Der Hund nähert sich dann eher dem Ohrläppchen und wird es abschlecken. In einem weiteren Schritt machen Sie das Gleiche ohne Leckerei am Ohr. Wenn der Hund dann an Ihr Ohr kommt, geben Sie ihm gleich ein Leckerli aus der Hand, sodass er nicht am Ohr leckt. Der Hund sollte die Belohnung – wie immer – auch gleich danach bekommen, damit er sie zuordnen kann. Den Zeitraum zwischen Kommando und Leckerli können Sie als nächsten Schritt immer erweitern. Achten Sie dabei aber darauf, dass der Hund dies immer noch zuordnen kann.

Die **6. Übung** *„Klingeln“* ist besonders gut geeignet für größere Hunde, die an die Klingel kommen. Diese Übung hat zum Ziel, dass der Hund beim

Kommando „Klingeln" mit der Pfote oder der Nase auf die Klingel drückt und sie betätigt.

Dies können Sie beispielsweise auch machen, wenn Sie vom Spaziergang wieder heimkommen. Es geht aber auch vor dem Losgehen, wenn Sie zum Beispiel Ihren Partner dazu rufen oder jemanden mit Hund zum gemeinsamen Spaziergang abholen wollen.

Um dem Hund dies beizubringen, halten Sie ein Leckerli vor den Klingelknopf und sorgen Sie dafür, dass der Hund es sich holen möchte. Sobald er mit der Pfote oder der Nase kommt, geben Sie ihm den entsprechenden Befehl und geben ihm zur Belohnung ein Leckerli. Hat der Hund die Übung ein paar Mal ausgeführt, können Sie das Leckerli mit der Hand bedecken, sodass der Hund es nicht sofort sieht.

Hat er dies gelernt, so können Sie das Leckerli weglassen und einfach mit den Fingern auf die Klingel deuten. Schafft der Hund es dann wirklich, die Klingel zu betätigen, sollten Sie schnell ein Leckerli aus der Hand hervorziehen und es ihm geben.

Irgendwann hat der Hund es dann gelernt und er wird einfach so auf Kommando die Klingel betätigen, auch ohne Leckerli. Für kleinere Hunde können Sie hier vielleicht eine Essensglocke oder Ähnliches nehmen, die Sie an einem Seil befestigen, sodass der Hund sie auch erreichen kann.

Eine schöne Übung – besonders draußen im Sommer – ist auch die **7. Übung** *„Roll den Ball"*. Der Hund soll hier einen Ball mit der Nase zu Ihnen schubsen oder rollen.

Mit der Übung beginnt man am besten, indem man den Hund anweist, sich hinzulegen und dann einen Ball zwischen die Vorderpfoten des Hundes legt. Wenn der Hund den Ball mit der Nase berührt, geben Sie ihm das Kommando „Roll den Ball" und werfen ihm auch gleich ein Leckerli zu. Je besser der Hund die Übung ausführen kann, desto weiter können Sie sich dann auch von dem Hund entfernen. So wird die Übung schwerer.

Hier spielt es keine Rolle, ob Ihr Hund dann weiterkriecht oder ob er aufsteht und den Ball im Gehen/Stehen zu Ihnen rollt bzw. weiterschubst.

Das Kommando *„Gib Laut"* haben Sie sicher auch schon gehört. Es wird sehr oft in der Hundeerziehung angewendet und ist unsere **8. Übung.**

Wenn Sie das Kommando „Gib Laut" geben, soll Ihr Hund bellen. In der Regel bellen Hunde sehr gern, wenn es klingelt oder aber an der Tür klopft. Dann können Sie einfach das Kommando „Gib Laut" geben und Ihren Hund so in seinem Verhalten bestätigen. Hunde sollen aber nicht in jeder Situation bellen, oft stört dies auch. Daher ist es gut, wenn er es auf Kommando und im Freien beim Spaziergang lernt, wenn es andere nicht stört.

Um dies Ihrem Hund beizubringen, können Sie auch ein Spielzeug, dass er gernhat, von einer Hand in die andere geben. Der Hund darf das Spielzeug dabei nicht nehmen und wird zunehmend Frust verspüren und irgendwann zu bellen beginnen.

Dann sollten Sie schnell „Gib Laut" sagen, damit der Hund das Kommando mit dem Bellen verbindet und ihm als Belohnung das Spielzeug überlassen.

Wenn Ihr Hund dies so nicht lernt, können Sie Ihren Hund auch anleinen und ein Stück entfernt – aber sichtbar – mit seinem Spielzeug spielen.

Wenn Sie es noch schwerer gestalten wollen, können Sie Ihren Hund auch zu verschiedenen Lauten auffordern. Wenn Sie beispielsweise das Lieblingsspielzeug Ihres Hundes nur ruhig in der Hand halten, wird es ihm nicht so viel ausmachen, als wenn Sie damit spielen und das Bellen wird sehr wahrscheinlich leiser sein. Dafür können Sie ein anderes Kommando geben, z. B. „Leise Bellen". Wenn der Hund in der Zwischenzeit knurrt, können Sie dafür auch einen anderen Befehl geben. Wenn Sie möchten, können Sie mit Ihrem Hund auch um die Wette jaulen oder ihm das Jaulen auf Befehl beibringen, wenn z. B. eine Sirene losgeht und der Hund selbst mit dem Jaulen beginnt. Auch das Niesen auf Kommando kann Ihr Hund lernen. Dazu sollten Sie immer, wenn der Hund niest, einen bestimmten Befehl (z. B. „Niesen“) geben. Dies machen Sie immer so lange, bis Ihr Hund es verstanden hat und es auch dann auf Kommando kann, wenn seine Nase nicht kitzelt.

Sie könne, dem Hund auch sehr gut beibringen, zu gähnen, sich auf Kommando zu strecken oder sich zu schütteln, unsere **Übungen 9 bis 11.**

Um dieses Ziel zu erreichen, kann man diese Übungen gut auch als „freies Formen“ oder während eines Spazierganges üben. Freies Formen bedeutet, dass man dann, wenn der Hund gähnt (wenn er z. B. durch viel Bewegung müde ist), sich schüttelt (z. B. wenn er beim Spaziergang aus dem Wasser kommt) oder er sich streckt (z. B. am Morgen) ihm einen Befehl gibt und ihm am besten auch sofort eine Bestätigung (Leckerli, mindestens aber ein Lob) gibt.

Manchmal braucht man hier etwas Geduld, aber in der Regel versteht ein Hund sehr schnell, was er machen soll.

Sachen auspacken, **Übung 12,** ist ebenfalls etwas, das wunderbar bei einem Spaziergang geübt werden kann. Diese Übung soll den Hund dazu bringen, sein Leckerli selbst auszupacken.

Verpacken Sie dazu Ihrem Hund ein Leckerli, ein Schweinsohr, einen Kauknochen oder sonst etwas Leckeres in eine Schachtel. Sie können es auch in Papier einwickeln. Wenn der Hund dann die Belohnung haben möchte, muss er dazu die Schachtel öffnen oder das Papier, das darum gewickelt ist, zerfetzen.

Wenn der Hund dies schon gut kann und sich dabei sehr geschickt anstellt, ist es auch möglich, die Schwierigkeit zu steigern, indem Sie mehrere Schachteln ineinander verpacken und die Belohnung in der innersten Schachtel positionieren.

Sie können Ihrem Hund auch beibringen, *Leckerli aus einer Flasche aus Plastik zu holen,* die **13. Übung.** Der Hund soll so lange die Flasche bearbeiten, bis er an sein Leckerli kommt.

Am Anfang können Sie das Leckerli erst einmal in eine zylindrische Verpackung stecken, die an zwei Seiten offen ist. Wenn der Hund diese dann umwirft, kommt er schon an das Leckerli. Hat Ihr Hund dies gelernt, können Sie auch beispielsweise leere, vorher ausgewaschene Ketchup-Dosen benutzen. Eine weitere Steigerung wären dann Flaschen mit kleinem Deckel wie etwa Mineralwasserflaschen. Das wird den Hund dann schon mehr herausfordern, bis er verstanden hat, wie er das Leckerli aus dieser Flasche bekommen kann.

Im Wald kann man dem Hund gut beibringen, ein im Baum oder zwischen den niedergefallenen Blättern (im Herbst) verstecktes Leckerli zu finden, die **14. Übung.**

Das Kommando könnte „Finde das Futter“ heißen. Um es dem Hund zu erleichtern, können Sie beispielsweise mit einer Fleischwurst eine Spur ziehen und diese dann in dem Baum einklemmen. Am Anfang kann dem Hund auch die Spur gezeigt werden, damit er dies leichter findet. Am besten ist es auch, wenn man den Hund vorher nicht ruft, sondern einfach etwas Neues, Spannendes beginnt, wie hier beispielsweise das Abstützen am Baum, wo das Leckerli versteckt ist. Das macht es für den Hund interessant. Leckerli oder Spielzeug kann man im Wald auch z. B. unter dünnen Stämmen verstecken.

Es gibt selbstverständlich noch viel mehr Tricks, die Sie Ihrem Hund beibringen können, sie sollten da einfach ein bisschen kreativ sein. Hauptsache, Ihr Hund wird gefordert! Sie können beim Spaziergang beispielsweise auch Drehungen einbauen oder mal Pfoten geben etc. Wichtig ist nur, dass der Hund Abwechslung hat.

Sie sehen: Schon vor und während des Spazierengehens, aber auch in anderen Alltagssituationen gibt es viele Möglichkeiten, Ihren Hund zu fördern und ihm Dinge beizubringen. Natürlich darf das „normale“, alltägliche

Herumtollen und Spielen (wie etwa das Herbeibringen/Apportieren von Gegenständen) nicht fehlen, denn der Hund macht so etwas auch gern. Im nächsten Kapitel gibt es noch mehr Denksportspiele für den Hund, die den Hund auch ein bisschen fördern werden.

Denksportspiele mit dem Hund – ein wahres Vergnügen!

Hundedenksport ist ein wahres Vergnügen, sowohl für den Hund als auch für den Halter! Es stärkt die Bindung, macht Spaß und ist in der Regel mit einfachen Mitteln zu bewerkstelligen.

ALLES RUND UM DEN HUND – DENKSPORT

Hundedenksport macht, wie wir schon festgestellt haben, Spaß. Aber auch für den Hundedenksport gibt es ein paar essenzielle Regeln:

- Alles geschieht hier freiwillig. Sowohl der Hund als auch Sie als Besitzer oder Besitzerin sollen daran Spaß haben. Wenn Ihnen Ihr Hund durch seine Körpersprache mitteilt, dass er keine Lust mehr hat, dann sollten Sie dies auch wirklich akzeptieren und zu einem anderen Zeitpunkt mit dem Training weitermachen. Nur, wenn Mensch und Hund zusammen Freude haben, wird es sie auch zusammenschweißen.
- Jede gelungene Übung wird für den Hund selbstverständlich durch Futterstücke oder Spielzeug belohnt. Oft sind Futterstücke die beste Lösung, da sie nicht so wie Spiele ablenken und sie den Spielfluss bei den Denksportspielen nicht so sehr unterbrechen. Allerdings sollten Sie die Belohnungs-Futterstücke von der täglichen Belohnung für den Hund abziehen. Eine gute Idee ist es, schon im Vorfeld das Belohnungs-Futter für den Hund einzuplanen.
- Erwarten Sie keine Wunder, sondern zerlegen Sie die Übungs-Lektionen in kleine Stücke. Man nennt dies Salami-Taktik. Zum Beispiel üben Sie zuerst mit Ihrem Hund, ein Futterstück aus der Verpackung zu befreien. Kann der Hund dies, können Sie dann auch einen Karton verwenden, in den Sie das

verpackte Futter tun usw. Bei einem Hindernis-Parcours aus Tunneln unter dem Stuhl oder Planen ist es ebenfalls am besten, das Überwinden der Hindernisse einzeln zu üben. Ihrem Hund wird es da wie uns Menschen gehen: Er braucht ein Erfolgserlebnis. Das bestärkt ihn darin, weiterzumachen. Wenn einmal etwas schiefgeht: Nicht schimpfen oder verzweifeln. Ihr Hund möchte Sie damit sicher nicht ärgern. Er hat noch nicht verstanden, wie er die Aufgabe bewältigen soll. Machen Sie es Ihrem Hund dabei am besten so einfach wie möglich, damit er – und letztendlich auch Sie – die Lust nicht verlieren.

• Geizen Sie nicht mit Belohnungen, achten Sie hier auf beste Qualität und geben Sie Ihrem Hund auch genügend Belohnungs-Futterstücke (Sie können diese ja von seiner Tagesration abziehen). Die meisten Hunde mögen besonders Putenfleisch, Leberwurst für Hunde und Fleischwurst.

• Beenden Sie den Denksport immer dann, wenn er am schönsten ist. Denn es ist besser, jeden Tag 5 Minuten zu üben als einmal in der Woche für eine längere Dauer. Der Hund hat so genug Zeit, das Erlernte zu verarbeiten. Wenn nichts mehr funktioniert und Ihr Hund müde ist, werden Sie nichts erreichen und es führt nur zu Frust. Daher sollten Sie lieber die Denksportlektionen auf mehrere Tage verteilen. Vergessen Sie auch nicht, dass Ihr Hund auch nach so viel „Action“ Ruhe braucht. Ruhe *macht in dem Falle Ihren Hund schlau!*

Und nun – viel Spaß mit den Denksportaufgaben für Ihren Vierbeiner!

SPAß HABEN MIT DENKSPORTAUFGABEN!

Das Prinzip der Denksportaufgaben ist es, dass es dem Hund schon bewusst ist, dass dort irgendwo Futter oder sein Lieblingsspielzeug versteckt ist. Er kommt aber dort nicht so einfach heran, sondern muss überlegen, wie er nun das Futter bekommen kann.

Spiele mit Kegel

Die Möglichkeit, Futter unter Kegel zu legen, sodass Ihr Hund diese umstoßen soll, kennen Sie sicher. Aber ein Kegel kann noch viel mehr!

1. Das „normale“ Spiel mit Kegeln: Ein Hund lernt schnell, Futter unter einem Becher oder einem Kegel hervorzuholen. Am Anfang können Sie den Kegel erst einmal nur auf das Futterstück legen. Ihr Hund sieht es dann noch. Kann er das, können Sie dann das Leckerli unter den Kegel legen. Zunächst sollten Sie den Kegel erst noch auf eine Decke stellen, später können es dann auch andere Bodenbeläge sein, die glatter sind. Schließlich können Sie es dann mit mehreren Kegeln versuchen.

2. Da jede kleine Veränderung Denksport für Ihren Hund bedeutet, sollten Sie statt Kegeln einfach einmal eine andere Form (beispielsweise einen Karton oder eine Toilettenpapierrolle, die Sie aufrecht hinstellen und in die Sie ein Leckerli werfen) benutzen.

3. Variieren können Sie hier auch in der Größe, indem Sie statt eines Hütchens auch z. B. einen Eimer nehmen.

4. Wenn Sie das Hütchen umdrehen, also die Öffnung nach oben stellen, ist dies ebenfalls Denksport für Ihren Vierbeiner. Er muss jetzt nicht nur das Hütchen umwerfen, sondern auch das Futterstück daraus hervorholen.

5. Für Fortgeschrittene können Sie auch einen Turm aus mehreren Hütchen bauen. Achten Sie hier aber darauf, alles ganz langsam zu steigern und dass Sie am Anfang nur zwei Hütchen auf möglichst geräuscharmem Untergrund (Teppich, Decke) aufeinander stellen. So erschreckt Ihr Hund nicht gleich. Wenn Sie den Turm aufbauen, stellen Sie am besten sicher, dass der Hund nicht sofort dort hinläuft und den Turm unge–schickterweise umwirft und erschrickt. Am besten ist, Sie werfen ein Futterstück weiter weg und bauen den Turm auf, wenn der Hund dem Futterstück hinterherrennt. Natürlich können Sie die Hütchen nicht nur nach oben, sondern auch zur Seite aufbauen.

6. Eine tolle Variante sind auch Paletten, die Sie vom Einkauf mitnehmen können, beispielsweise Joghurt-Paletten. Sie können dort die Hütchen draufstellen und so für Abwechslung sorgen. Am Anfang sollen die Paletten aber recht groß und flach sein, damit der Hund ein Erfolgserlebnis hat.

Dinge zum Schieben

Schieben mit der Schnauze macht Hunden auch sehr viel Spaß! Dafür eignen sich viele Dinge, die Sie sicher im Haushalt haben!

1. Der Blumenroller: Er eignet sich super, um darunter ein Futterstück zu legen. Zuerst mehr an den Rand, dann immer weiter in die Mitte. Kann Ihr Hund dies, können Sie den Blumenroller auch mal in einen Karton, der fast so groß ist wie der Roller, stellen.

2. Solitäre für Hunde: Überall in Gartencentern und Supermärkten gibt es Kisten und leere Paletten. Die kann man wunderbar für Denksport nutzen. Nun kann man eine Palette in eine Kiste der gleichen Größe stellen. Um das Ganze stabiler zu machen, kann man unten eine Antirutschmatte hinlegen oder Gummiringe anbringen. Nun gibt man in eine Paletten-Öffnung ein Futterstück und legt darüber ein Ball. Der Hund muss also den Ball wegschieben, um an das Futter zu kommen. Kann er das, können Sie mehrere Futterstücke und (unterschiedlich große) Bälle benutzen. Man kann statt Bällen auch Kugeln aus Papier formen oder Futterbälle benutzen.

3. Ein Glücksspiel für Ihren Vierbeiner: Hier dreht sich alles um eine Scheibe, die Ihr Hund drehen kann und bei der in einer der Vertiefungen dann ein Leckerli versteckt wird.

Das Ganze kann man mit einem großen Holzbohrer, einem Topfband oder einer Lochsäge für ca. 6,50 € selbst bauen: Besorgen Sie sich drei gleich große runde Holzschneidebretter. In eines der Bretter bohren Sie runde Löcher, die so groß sind, dass der Hund da gut an die Futterstücke herankommt. Wie bei einer Schablone übertragen Sie dann eines der Löcher auf das zweite Brett. Das Lochbrett verschrauben Sie nun mit dem dritten Brett. Das

Unterteil ist nun fertig. Nun kommt das zweite Brett obendrauf und in der Mitte wird alles mit einer Schraube zusammengeschraubt. Diese Schraube können Sie entweder fest verschrauben oder auch locker daraufsetzen. Wenn es locker aufsitzt, können Sie es besser reinigen und evtl. Scheiben dazwischen legen.

4. Toilettenpapierrollen auf eine Leine gehängt: Hier werden einfach Toilettenpapierrollen in für den Hund passender Höhe an eine Leine gehängt. In eine Rolle legen Sie dann ein Futterstück und der Hund muss die Rollen verschieben, um dranzukommen. Sie können die Leine zum Beispiel auch an einem stabilen Stuhl befestigen.

Zuerst können Sie eine Rolle, dann mehrere nehmen. Als Variante können Sie die Rollen auch auf einen Stock stecken (allerdings Vorsicht, wenn Ihr Hund stürmisch ist!) oder die Futterstückchen in Papier einwickeln, um den Schwierigkeitsgrad zu steigern.

5. Leckerli-Spieß: Futterstücke, die innen ein Loch haben, werden auf ein Seil gespannt oder einen stabilen Stock. Der Hund muss sie nun von dort ablösen.

6. Eine Pyramide aus Leckerli: Dies eignet sich am besten für Hunde, die von Natur aus vorsichtig sind. Stapeln Sie hierzu Futterstücke auf einen Stab, die der Hund nach oben ziehen muss, um sie zu bekommen. Um eine Pyramide zu bauen, brauchen Sie einen Plastikdeckel, durch den Sie in der Mitte ein Loch stechen. Dadurch ziehen Sie dann einen Stab, z. B. einen chinesischen Stab zum Essen und kleben ihn mit Sekundenkleber fest. Mit Klebeband fixieren Sie es dann auf dem Unterboden. Die Leckerli stecken Sie dann auf den Stab – fertig ist die Pyramide!

7. Die „Kräckermaschine“: Hierzu nehmen Sie eine Plexiglasröhre mit einem Kolben darin. Dabei sollte die Pleuelstange mindestens so lang wie die Röhre sein. Legen Sie die Röhre dann auf eine Unterlage, sodass Sie gut für den Hund erreichbar ist. Das Futterstück legen Sie in die Mitte, damit der Hund den Kolben nach vorn schieben muss, um an das Futter zu kommen. Am

Anfang sollte ein zufälliges, leichtes Berühren des Kolbens mit der Schnauze ausreichen, um an das Futterstück zu kommen.

Im Haushalt können Sie so eine Maschine auch aus einer Röhre von Calciumtabletten mit einer Küchenpapierrolle herstellen. Tipp: Wenn Sie das Röhrchen leicht nach unten halten, fällt das Futterstück leichter heraus.

8. Der Leckerli-Schieber: Kennen Sie noch Schiebe-Eis? Daraus können Sie einen wunderbaren Schieber basteln. Kleben Sie z. B. einen Filmdosendeckel mit Tesafilm an das Ende des Schiebers. So hat die Nase Ihres Hundes einen Angriffspunkt. Den oberen Teil des Röhrchens können Sie noch abschneiden, um es dem Hund noch etwas leichter zu machen.

9. Die Spindel: Dies eignet sich besonders für Hunde mit Clickererfahrung, denn die Übung ist nicht so einfach. Durch eine CD-Spindel bohren Sie seitlich ein Loch und stecken ein Stäbchen hinein (am besten aus Kunststoff). Das Stäbchen schieben Sie bis zur Mittelachse der Spindel. Dann befestigen Sie alles mit Schrauben auf einem Brett. So können Sie einen Fuß draufstellen oder die Konstruktion festhalten, um sie zu stabilisieren.

Damit sich der Hund nicht verletzt, können Sie noch eine alte CD über die Schrauben kleben. Wetten, Ihr Hund braucht einige Zeit, um zu verstehen, dass der Stab der Hebel ist? Die Belohnung darf natürlich nicht fehlen, die ist auf dem Stab.

Denksportspaß durch Flaschendrehen

Flaschendrehen macht Hunden viel Spaß und ist mittlerweile nicht mehr vom Denksport wegzudenken!

1. Beim „klassischen“ Flaschendrehen benötigen Sie eine stabile Plastikflasche und einen Stab. Das kann eine ältere Radioantenne oder ein Bambusstab aus dem Baumarkt sein. Bohren Sie seitlich zwei Löcher in die Flasche und schieben Sie den Stab dadurch. Geben Sie nun ein Leckerli in die Flasche und halten Sie die Flasche an den Enden der Stäbe fest. Sie können am

Anfang dem Hund helfen, indem Sie die Flasche leicht anschubsen, wenn der Hund sie mit der Nase berührt.

2. Drehen eines Bechers: Wenn Ihr Hund sich nicht gleich an eine Flasche traut, können Sie auch erst einmal einen (am besten durchsichtigen) Futtermessbecher nehmen, den Sie an der Seite festhalten und den der Hund umdrehen muss, damit er an das Futter kommt.

3. Wenn Ihr Hund das alles kann, können Sie auch mehrere Flaschen auf einer Stange aufreihen, die Ihr Hund umdrehen muss.

4. Aus Holz können Sie auch einen „Flaschenautomaten" basteln, indem Sie für die Flasche ein Holzgerüst bauen. Auf das Gestell eines alten Klapphockers können Sie sogar mehrere Flaschen postieren und so einen „Multi-Flaschenautomaten" erschaffen.

5. Bei einem „Kipprohr" ist die eine Seite des Rohres verschlossen und der Hund muss es nach vorn kippen, damit er das Leckerli bekommen kann. Aus Holzbrettern ist dies schnell gebaut. Als Variation – auch wieder Denksport – können Sie einen Karton über das offene Ende des Rohres stellen. Schneiden Sie dort passende Aussparungen aus, sodass das Leckerli vom Hund erreicht werden kann, wenn es herausfällt, er dazu aber das Rohr hochdrücken muss. Eine weitere Variation ist es, wenn man einen Stab waagerecht in das Rohr stellt, den der Hund hineindrücken muss, um das Leckerli vorn aus der Öffnung zu schieben. Wenn Sie – wie vorher – einen Karton mit der passenden Öffnung über das offene Rohrende stellen, muss der Hund den Stab aus dem Rohr herausziehen, damit er das Futterstück bekommt. Schon ergibt sich eine weitere Variation.

6. Ein Mini-Kipprohr basteln Sie am besten aus einem Kippdeckel eines kleineren Abfalleimers und einer Toilettenpapierrolle, die daran befestigt wird. In die Rolle legen Sie ein Futterstück, das herausfällt, wenn der Hund mit der Schnauze an das obere Ende der Kippfläche kommt.

7. Aus einer Papprolle und – gut gesäuberten – Gewürzröhrchen können Sie ebenfalls ein Denksportgerät basteln, wenn Sie dieses auf einem Brett so aufspannen, dass es sich drehen kann. Die Gewürzröhrchen stechen Sie einfach in die Papprolle. Dann können Sie dort Futterstücke hineingeben, die der Hund durch Drehen herausholen kann.

Denksport mit Deckeln und Hütchen

Vielleicht haben Sie auch schon einmal bemerkt, dass es bei Kartons viele verschiedene Mechanismen gibt, um diese zu öffnen. Manche öffnen sich nach innen, manche nach außen, andere Deckel müssen herunter- oder hochgeklappt werden.Nehmen Sie einfach einmal einen Karton, packen Sie ein Futterstück hinein und schließen ihn nicht ganz. Dann beobachten Sie, was passiert, wenn Ihr Hund in die Nähe des Kartons kommt. Schafft er es, ihn zu öffnen? Versuchen Sie es ruhig mit mehreren, unterschiedlichen Kartons, die Sie dann auch schließen können.

Besonderer Tipp: Manche Hersteller von Spülmaschinentabs (wie etwa die „Easy Box" von Fairy) haben ein Fach zum Aufklappen, das sich wunderbar zum Denksport eignet, denn dort können Sie ein Leckerli hineintun, dass Ihr Hund herausholen soll. Auch eine Halsbonbon-Schachtel oder eine größere Streichholzschachtel eignet sich super zum Denksport.

Falls Sie einen ehemaligen Süßigkeiten-Spender zur Hand haben, so etwas eignet sich auch wunderbar zum Denksport.

Bei erfahreneren Hunden können Sie dies ausprobieren: Ineinander gestapelte Boxen: Hierzu können Sie unterschiedlich große Kartons, die es z. B. im Bastelladen gibt, wie russische Puppen ineinander stapeln.

1. Am besten nehmen Sie hier jeweils für jeden Karton ein Kordel mit einer Perle, damit der Hund den Deckel gut abheben kann. Ein kleiner Einstich in den Karton zum Druckausgleich erleichtert das Öffnen der Deckel für Ihren

Hund ebenfalls. Zuerst sollte der Hund lernen, bei einem Karton an der Kordel zu ziehen. Dafür lassen Sie den Karton erst noch etwas geöffnet, bevor Sie ihn ganz schließen, wenn Ihr Hund das Prinzip verstanden hat. Kann der Hund dies, können Sie weitermachen und die Kartons ineinander stapeln. Legen Sie dazu zu Beginn erst einmal in jeden Karton ein Futterstück, um den Hund zu motivieren und zu belohnen.

2. Sehr gut für Denksport eignen sich auch Kisten von Camemberts, bei denen man den Deckel mit einem Seil zum Abziehen des Deckels versehen kann.

3. Hat Ihr Kind vielleicht noch eine alte Zahnspangendose? Hier können Sie ein Seil herumbinden und fertig ist das Denksportspielzeug. Mit dem Seil kann der Hund dann an der Dose ziehen und sie öffnen. So kommt der Hund dann auch an die Belohnung.

4. Mit etwas handwerklichem Geschick können Sie für Ihren Hund auch ein „Hütchen-Brettspiel" bauen: Fräsen Sie in ein Holzstück zwei unterschiedlich große, jeweils ca. 1 cm hohe Mulden. In die untere Mulde kommt das Leckerli, in die obere der Stöpsel. Den passenden Stöpsel bekommen Sie, indem Sie im Baumarkt ein Rundholzstück kaufen, dass Sie auch abteilen können.

5. Ein wunderbares Hütchen-Spiel können Sie auch gut aus einem runden Brett herstellen, in das Sie Mulden hinein fräsen. Als Stöpsel können Sie hier auch Schaufelgriffe nehmen, die Sie mit einem Holzbohrer der Länge nach durchbohren. Sie sollten in die Mulden passen, daher sollten die Mulden immer ca. 1 cm breiter als der Durchmesser der Schaufelgriffe sein. Stöpsel können auch wunderbar aus Rundholz hergestellt werden. Unten ist ein Holzkreis mit größerem Durchmesser, als Stiel dient ein Rundholz mit deutlich weniger Durchmesser, dass dort hineingesteckt werden kann.

Schubladen mit Futter

Herausziehen von Schubladen, um an Futter zu gelangen? Ebenfalls ein wunderbarer Denksport für Ihren Hund!

1. Eine Butterkeks-Packung eignet sich hier besonders gut. Zuerst können Sie vor den Augen Ihres Hundes Kekse essen. Am Kunststoff im Innern können Sie mit Klebeband Pappe befestigen oder das Klebeband doppelt aufkleben, damit der Hund beim Aufziehen nicht daran kleben bleibt. Nun legen Sie Futterstücke in die Packung und schauen, was Ihr Hund macht. Zuerst können Sie es noch in die äußere Schublade hineinlegen, sodass der Hund das Futterstück noch eher bekommt. Zum Schluss folgt dann das hinterste Fach, sodass Ihr Hund die ganze Schachtel öffnen muss.

2. Auch Verpackungen von Schokoküssen eignen sich wunderbar als Hundespielzeug. Auch dort können Sie Klebeband so doppelt befestigen, dass Ihr Hund daran ziehen kann. Seien Sie nicht so traurig, wenn eine Packung kaputtgeht, denken Sie immer daran: Wenn Sie für Nachschub sorgen wollen, müssen Sie wieder neue Schokoküsse kaufen.

3. Gewöhnliche Schubladen: Auch hier können Sie prima Leckereien für Ihren Vierbeiner verstecken. Assistenzhunde lernen schon gleich am Anfang, Schubladen selbstständig zu öffnen. Auch bei Hunden hilft „Learning by doing", zeigen Sie Ihrem Hund also, wie Sie die Schubladen öffnen, und machen Sie ihm begreiflich, dass dort etwas Leckeres auf ihn wartet. Um den Hund daran zu gewöhnen, können Sie ihn erst einmal aus der geöffneten Schublade fressen lassen und diese dann mehr und mehr zuschieben. Achten Sie hier darauf, dass die Schublade bei der Übung auch einmal Spuren von Kratzern enthalten kann und Hunde ihre Fähigkeit auch an anderen Schubladen ausprobieren wollen.

4. Mit kleinen Kisten und Holz können Sie mit Geschick Ihrem Hund sogar einen richtigen Spieltisch basteln.

Fallrohre

Fallrohre, aus denen Futter herausfällt, sind ebenfalls super zum Spielen!

1. Ein Basis-Fallrohr können Sie schon ganz einfach aus einer Toiletten- oder Küchenpapierrolle und einem Pappstreifen basteln.

Machen Sie dazu zwei Schnitte horizontal durch die Rolle, wodurch Sie den Pappstreifen schieben können. Dabei sollten Sie jedoch darauf achten, dass der Streifen außen noch genügend übersteht, damit Ihr Hund mit der Schnauze gut drankommt. Wenn Sie nun ein Futterstück hineinwerfen, wird es natürlich erst einmal auf dem Streifen liegen bleiben. Ihren Hund können Sie entweder durch Clickern dazu bekommen, den Streifen herauszuziehen, oder Sie schmieren am Anfang etwas Leberpastete darauf, sodass der Hund dadurch einen Anreiz bekommt, sich mit dem Streifen zu beschäftigen.

Wenn der Hund es kann, können Sie auch mehrere Streifen einbauen. Auch Querstreifen sind eine wunderbare Ablenkung. Zuerst können Sie auf jeden Querstreifen ein Leckerli legen, dann nur auf den oberen, sodass das Futterstück immer weiter herunterfällt. Ihr Hund wird sich erst wundern, dann aber mit Sicherheit das Prinzip schnell verstehen lernen.

2. Papprollen, die normalerweise zum Transportieren von Plänen verwendet werden, eignen sich auch besonders gut für so ein Fallrohr. Damit dem Hund das Futterstück nach getaner Arbeit vor die Füße fällt, können Sie unten noch ein Papprohr (z. B. eine Toilettenpapierrolle) einbauen, die als Rutsche dient.

3. Auch alte Kratzbäume können z. B. zu einem besonders langen Fallrohr werden, wenn man sie außen entsprechend abklebt und unten eine Öffnung herausschneidet, wo das Leckerli hineinfällt.

4. Ein großartiges Fallrohr lässt sich auch aus einer Plexiglasröhre basteln. Das Futterstück fällt hierbei immer dann durch die Trichter, die in der Röhrenwand fest eingebaut sind, wenn der Hund mit der Schnauze oder der Pfote an den außen angebrachten Holzstäben zieht.

Es gibt noch viel mehr Alltagsgegenstände, mit denen sich Fallrohre bauen lassen, seien Sie einfach einmal kreativ!

Spaß beim Angeln

1. Angeln fördert ebenfalls das Hundegehirn! Ganz einfach können Sie Ihrem Hund eine Angel-Vorrichtung bauen, indem Sie zwei Bücher unter ein Brett legen. Der Hund sollte mit den Pfoten unter das Brett kommen, nicht aber mit seiner Schnauze. Nun legen Sie ein Futterstück darunter und schauen, was Ihr Hund macht. Angelt er mit den Pfoten nach dem Futterstück? Legen Sie das Futterstück zuerst weit nach vorn und noch einmal ein Buch oder Ihre Hand auf das Brett, damit es nicht zusammenkracht.

2. Sollten Sie eine Pylone besitzen, kann Ihr Hund auch daraus wunderbar Futterstücke angeln. Entweder Sie halten Sie selbst oder Sie legen Sie dazu auf den Boden.

3. Mit einem größeren und kleineren Brett und einem Postkorb lässt sich außerdem wunderbar eine Art „Mausefalle" basteln. Legen Sie dazu den Postkorb auf das größere Brett. Schieben Sie dann ein kleines Brett mit einem Topf voll Futterstücken in den Postkorb. Wenn der Hund an das Futter gelangen möchte, muss er nun das kleine Brett herausziehen.

Tastenspiele

Die meisten Hunde lernen diese Spiele auch sehr schnell. Ziel ist es, dass der Hund mit der Pfote eine Taste öffnet, aus der dann ein Futterstück herauskommt. Am Anfang üben Sie das am besten, indem Sie Ihren Hund die Pfote geben lassen. Machen Sie das dann über der Taste, die Ihr Hund drücken soll, und nehmen Sie Ihre Hand nach und nach zurück. Belohnung nicht vergessen!

1. Gut zum Spielen eignen sich Handpuppen, z. B. Waschhandschuhe für

Kinder, die auch nicht viel kosten. Hier können Sie wunderbar Futterstücke in die Schnauze legen und den Hund ausprobieren lassen, wie er an das Futter kommt. Schafft er es nicht gleich, können Sie nachhelfen und auch da immer mehr Ihre Hand zurückziehen.

2. Ein Erdnussspender aus dem Supermarkt ist ebenso ein prima Denksportgerät. Der Hund muss hier den Hebel herunterdrücken, was mit seinen tapsigen Pfoten nicht ganz einfach ist. Die meisten Hunde lernen es aber schnell und es eignet sich super dafür, sich eine Mahlzeit aus Trockenfutter zu erarbeiten.

3. Für draußen können Sie Ihrem Hund auch mit einfachen Mitteln eine Wippe bauen. Nageln Sie ein Brett auf einen runden Stamm und befestigen Sie am Ende ein Rohr, bei dem Ihr Hund nicht gleich an das Futter kommt. Er muss nun die Wippe bedienen, damit das Futterstück hochschnellt und aus dem Becher fällt.

Sicher werden Ihnen noch mehr Tastenspiele einfallen, die Sie mit Ihrem Hund ausprobieren können!

Bahn für Murmeln

Wenn Sie solch eine Bahn noch zu Hause als Kinderspielzeug haben: Sie eignet sich auch prima als Hundespielzeug, indem Sie statt Murmeln kreisförmige Futterstücke herunterlaufen lassen. Für draußen eignen sich auch wunderbar Abflussrohre, in die beispielsweise der Hund einen Ball hineinwerfen kann, der – o Wunder! – dann bei Herrchen oder Frauchen wieder zum Vorschein kommt.

Etwas für Querdenker

Das Prinzip dieser Denksportaufgaben ist es, dass Ihr Hund nicht gleich an das Futter gelangt, sondern etwas „um die Ecke“ denken muss, um es zu bekommen.

1. Das „Kaspertheater“: Sicher kennen Sie noch die alten Kaspertheater. Das können Sie leicht mit einem Karton bauen, über den Ihr Hund nicht schauen kann. In den Karton können Sie ein Loch schneiden, durch das Ihr Hund schauen kann. Sie stellen sich hinter den Karton und legen ein Futterstück auf den Boden, was der Hund durch das Loch sieht. Wie lange braucht er, um zu verstehen, dass er um den Karton herumlaufen muss, um das Futterstück zu bekommen?

2. Der einseitig offene Tunnel: Ein Karton wird wie ein Tunnel auf den Boden gestellt. An der Seite, an der Ihr Hund sitzt, wird er geschlossen, an der anderen Seite ist der Karton offen. Dort hinein legen Sie dann auch das Futterstück. Braucht Ihr Hund lange, um zu verstehen, dass er zum offenen Ende laufen muss, um das Futter zu bekommen?

3. Das „Futterfenster“. Basteln Sie aus einem Karton und einer Klarsichthülle eine Art Fenster, das Sie vor den Futternapf stellen. Ihr Hund sieht das Futter so, kommt aber nicht direkt an den Napf. Kommt er darauf, hinter das Fenster zu gehen?

4. Haben Sie zufällig eine Klarsichtverpackung im Haus? Diese eignet sich ebenfalls super zum Gehirnjogging! In diese Folie schneiden Sie ein Loch, durch das Sie das Futter hineinlegen. Das Loch wird dann so postiert, dass es sich seitlich oder an der Rückseite vom Hund befindet.

5. Aufbewahrungssäcke garantieren ebenfalls einen großen Schnüffelspaß! Befestigen Sie ihn z. B. an einem robusten Stuhl und lassen Sie Ihren Hund die Futterstücke nach und nach daraus hervorholen. Besonders knifflig wird es, wenn die Öffnungen immer an einer anderen Seite sind.

6. Gartenstühle mit Ritzen oder Löchern eignen sich ebenfalls supertoll zum Hundedenksport. Geben Sie dazu Futterstücke in die Rillen bzw. Ritzen und legen Sie ein Stuhlkissen darauf. Der Hund muss sein Futter nun erschnüffeln. Am Anfang können Sie das Kissen auch etwas hochheben, um dem Hund zu helfen. Wie lange dauert es, bis Ihr Hund – vom Duft getrieben – darauf kommt, auch mal unter das Stuhlkissen zu schauen?

7. Wenn Sie beim Spaziergang im Wald auf eine Waldhütte stoßen, ist dies auch ideal für Denksporttraining. Gehen Sie mit dem Hund in die Hütte und werfen Sie ein Futterstück aus dem Fenster. Am Anfang wählen Sie am besten ein Fenster in der Nähe des Eingangs. Wie lange braucht Ihr Hund, bis er versteht, dass er aus der Tür nach draußen laufen muss, um das Futterstück aufzuspüren?

8. Ein Sockenspiel: Knoten Sie hierzu eine alte Socke an einer Stange fest und legen Sie ein Futterstück auf die Socke. Dann wickeln Sie die Socke um den Stab und halten ihn vor die Nase Ihres Hundes. Wie schnell versteht er es, die Socke von der Stange zu wickeln, damit er das Futterstück bekommen kann?

9. Eine Box voller Geschenke! Besitzen Sie zu Hause noch eine alte Weinflaschen-Geschenkbox, die man aufschieben kann? Darin lassen sich sehr gut umgestülpte Plastikblumentöpfe und passende Plastikkästchen hineinstellen. Diese versehen Sie dann mit Kordel und Holzkugeln und verstecken Leckerli darunter. Dann schließen Sie die Kiste. Ihr Hund muss also erst die Kiste öffnen und dann noch die Behältnisse hochheben, um an das heiß begehrte Futter zu kommen.

Merke: Wenn Sie sich selbst Denksportspiele basteln oder Geräte kaufen wollen, sollten Sie erst einmal Geräte benutzen, die eine Fähigkeit trainieren (Hochnehmen, Schieben, Ziehen, die Pfote oder die Schnauze benutzen). Beherrscht Ihr Hund das, können Sie dann kombinieren.

Als Nächstes reden wir über Leckerli.

LECKEREIEN ZUM SPIELEN UND BELOHNEN …

Guten Appetit! Schlecken, kauen, Schreddern und Nagen macht – wie Sie sicher bestätigen können – eigentlich jedem Hund Spaß! Es ist einfach ein supertolles Hobby für Hunde, das diese genauso gern ausüben, wie wir etwa einen guten Filmabend mit Wein genießen würden. Für Hunde gibt es viele unterschiedliche, gebrauchsfertige Artikel zum Kauen wie etwa Ochsenziemer, Schweineohren und mehr. Denksport wird immer daraus, wenn der Hund erst eine Aufgabe erfüllen muss, um an das Essen zu kommen. Sie können das Futter beispielsweise einpacken und Ihren Hund sonst noch mit vielen unerwarteten Aufgaben fördern.

Spaß beim Kauspiel

Hunde lieben es – wie gerade oben schon beschrieben – zu kauen. Wer Ihnen oft genug Dinge zum Kauen gibt, sorgt dafür, dass die Vierbeiner sich nicht langweilen und die Wohnung dann auch nicht mehr auf den Kopf stellen. Kauen beruhigt außerdem und ist eine willkommene Beschäftigung für Ihren Hund, wenn er mal allein bleiben muss oder Sie einmal keine Zeit haben bzw. mit anderen Dingen beschäftigt sind und nicht ständig Ihren Hund beaufsichtigen können. Es gibt Hunde, die sehr kräftig kauen. Andere gehen es eher sanft an. Danach sollten sich auch ihre Kauspielzeuge richten.

Hunde, die sehr fest und kräftig kauen, benötigen besonders festes Spielzeug. Nicht alle Spielzeuge sind hier für die Hunde geeignet, denn wenn die Hunde so richtig „in Fahrt“ sind, zerbeißen Sie das Spielzeug auch gern einmal. Gut für sie sind beispielsweise die Spielzeuge aus Kautschuk von der Kong-Company. Diese können nicht so schnell zerbissen werden.

Vierbeiner, die eher soft kauen, können eigentlich fast alles Kauwerkzeug haben. Es sollte nur nicht so hart sein, damit sie es nicht liegen lassen. Kautschuk-Spielzeuge eignen sich besonders gut für diese Hunde und sorgen dafür, dass auch sie Beschäftigung haben.

Auch auf diese Dinge sollten Sie bei Kauspielzeugen achten:

- Wenn Sie Kauspielzeuge oder auch Futter mit Papier verpacken, sollten Sie darauf achten, was Ihr Hund mit dem Papier macht und dass er das Papier nicht frisst, da dies natürlich schädlich für ihn wäre.
- Je massiver und kompakter ein Hundespielzeug ist, desto langlebiger ist es natürlich auch. Spielzeuge mit Lamellen und Rillen wird Ihr Hund viel eher zerkauen können als ein klassisches Kong-Spielzeug.
- Das Spielzeug sollte groß genug sein, damit Ihr Hund es nicht aus Versehen verschlucken kann.
- Wenn Ihr Hund das Spielzeug ausgeschleckt hat, sollten Sie es gleich wieder einsammeln. Dies gilt besonders für Hunde, die fest kauen.
- Beobachten Sie Ihren Hund immer erst einmal, wie er mit dem Kauspielzeug umgeht. Erst, wenn Sie sich sicher sind, dass beim Kauen nichts passiert, können Sie Ihren Hund mit dem Kauspielzeug allein lassen.
- Sollten Sie sich nicht sicher sein, dass Ihr Hund das Spielzeug auch freiwillig wieder zurückgibt, so können Sie ihm erst einmal Spielzeug geben, dass er gänzlich auffressen kann.

Lunchpakete und Snackboxen

In Paketen verpackte Futterstücke sind ein wahrer Spielspaß für Hunde! Hierfür brauchen Sie nicht extra Dinge einzukaufen: Benutzen Sie einfach nur die Sachen, die Sie sowieso zu Hause vorrätig haben wie etwa Toilettenpapierrollen, Kartons, Papiertüten, Küchenpapier oder Packpapier. Am Anfang verpacken Sie am besten alles so locker, dass Ihr Hund einfach Erfolg haben muss … das wird seine Lust an dem Spiel deutlich steigern!

Achten Sie besonders zu Beginn darauf, dass der Hund die Verpackungsmaterialien nicht frisst, sondern nur die Futterstücke. Besonders kniffig wird es, wenn Sie die Futterpakete noch in einzelne Abteilungen abteilen oder Schleifen darum binden, die der Hund erst lösen muss.

Ein wahrer Kauklassiker: Der Kong!

Spielzeuge, die außen hohl sind und innen Rillen aufweisen, sind für Hunde besonders gut geeignet und sie gehören eigentlich zu jeder Grundausstattung für den Hund. Hunden bereitet es im Regelfall sehr viel Freude, Futter aus den Öffnungen und Rillen hervorzuholen und das Futter zu verspeisen. Man kann es entweder innen verstecken oder wie Hundeleberwurst außen in die Rillen streichen. Ein Kong dient dabei nicht nur zum Kauen, sondern auch

– Zur Beschäftigung, wenn Sie außer Haus sind.

– Zur Beruhigung, beispielsweise beim Besuch eines Restaurants oder beim Autofahren.

– Zur Befriedigung des Jagdtriebes, denn ein mit getrocknetem oder frischem Pansen gefüllter Kong kann schnell Abhilfe schaffen.

Dazu hat ein Kong noch viele andere Vorteile. So sind sie beispielsweise ideales Spielzeug für Hunde, die sonst ein zu überschwängliches Temperament haben.

Einen Kong gibt es in verschiedenen Ausführungen. Rot steht für normale Kauer, Schwarz für besonders starke Kauer und Blau für zaghafte Kauer und Welpen. Auch gibt es sie in vielen verschiedenen Größen (S – XXL). Der Hund sollte hier mit seiner Zunge gerade auf den Boden des Kong-Inneren kommen. Allerdings sollte auch schon für einen kleinen Hund am besten Größe M gewählt werden.

Ein Kong hat grundsätzlich viele unterschiedliche Möglichkeiten. Besonders gut kommt er dann an, wenn

• Die Innenwände mit Brotaufstrich, Quark oder Hundeleberwurst bestrichen werden.

• Der Kong mit Trocken- oder Feuchtfutter,

Gemüse, Obst, Reis, Nudeln oder Kartoffeln gefüllt wird.

• Die Innenwände mit klebrigem Käse (wie z. B. Scheibletten) beklebt werden.

• Die Öffnung kann mit einem Hundekeks verschlossen werden

Am Anfang reicht es, erst einmal nur etwas Leberwurst auf den Kong zu streichen. Haben Sie etwas Feuchtes wie etwa Joghurt ins Kong-Innere gegeben, reicht ein wenig Erdnussbutter aus, damit nichts ausläuft.

Tipp:

• Lassen Sie den Kong mit dem Futter (Trockenfutter, Hundekekse mit Käse) ganz kurz für ca. 20 – 30 Sekunden in der Mikrowelle erhitzen und auskühlen, bevor Sie ihn Ihrem Hund geben.

• Im Sommer ist ein Hunde-Eis eine wahre Erfrischung!

• Eine gute Basis für das Eis sind hier Hüttenkäse, Quark oder Joghurt. Um den Geschmack zu verstärken, können Sie noch Reibekäse, Hundeleberwurst, einen Löffel Dosenfutter, Babynahrung oder Thunfisch dazugeben.

• Wenn Sie die untere Öffnung des Kongs mit Erdnussbutter bestreichen, bevor Sie es befüllen, wird nichts auslaufen. Am einfachsten ist es, den Kong aufrecht stehend in einem kleinen, im Idealfall becherförmigen, Gefäß einzufrieren.

• Mit einem kleinen Ochsenziemer oder einer Büffelstange wird daraus sogar Stiel-Eis!

• Ist Ihr Hund am Anfang noch etwas zögerlich, können Sie alles erst einmal etwas auftauen lassen, sodass er ein Sorbet vorgesetzt bekommt.

Seien Sie einfach kreativ und machen Sie so den Kong attraktiv für Ihren Hund!

Noch mehr Kauspielzeuge

Nicht nur der klassische Kong eignet sich besonders für Hunde, es gibt noch viel mehr Kauspielzeuge. Meist sind sie aus Kautschuk, allerdings ist dies mittlerweile kein Muss mehr.

Hier sind noch einige weitere befüllbare Spielzeuge, die besonders robust sind und die auch in der Spülmaschine gewaschen werden können. Alle haben gemeinsam, dass hier vom Hund Futter aus einem Hohlraum geholt werden kann.

Der Toppl von WestPaw

Er schaut aus wie ein kleiner Topf und es gibt ihn in zwei Größen. Auch ist er schadstoffarm und spülmaschinenfest. Man kann auch zwei Toppl ineinanderstecken und so einen richtig großartigen Futterball bekommen.

Der Dental-Kong

Er sieht aus wie eine Hantel und ist hohl. Durch zwei Seitenöffnungen kann man hier Futter hineingeben. Die innere Schicht kann man super mit Erdnussbutter, Leberwurst, Frischkäse und Käse aus Scheiben bestreichen. Es gibt ihn in zwei verschiedenen Größen.

Besonders gut kann man den Kong hiermit füllen:

- Weichen Sie Flocken in einer Suppe (z. B. klassische Hühnerbrühe) ein. Füllen Sie die Masse nun in den Dental-Kong. Je nach Gusto können Sie noch größere Leckerlis bzw. Futterstücke dazugeben. Frieren Sie es ein und geben Sie es dann im gefrorenen Zustand Ihrem Hund.
- Auch aus eingefrorenem Dosenfutter kann man Eis herstellen, das man in den Dental-Kong gibt.

• Man kann Flocken auch in der Mikrowelle mit Käse überbacken und dann in den Dental-Kong geben. Es sollte vor dem Essen dann aber erkaltet sein.

Der Kong-Biscuit-Ball

Hier gibt es verschiedene Größen (6 cm für kleine bzw. mittelgroße Hunde und 10 cm für mittlere und größere Hunde). Den Ball kann man z. B. mit Kaustangen oder Hundekeksen bestücken. Innen können Sie Trockenfutterstücke oder Ähnliches hineinfüllen. Da die Öffnungen recht groß sind, können Sie innen besonders gut Quark, Brotaufstrich oder Leberpastete an die Wand streichen.

Der Kong Goody Bone

Auch ihn gibt es in zwei verschiedenen Varianten (rot für normale Kauer und schwarz für Hunde, die stärker kauen). An den Enden kann ebenso wieder Futter hineingegeben werden.

Goody Ship

Dies ist eine Scheibe mit einer Öffnung. Es eignet sich eher für kleinere Hunde, aber auch größere können sich daran erfreuen.

UFOs, die vernascht werden können

Es gibt sie mittlerweile von verschiedenen Anbietern (z. B. Snack Roller oder Twist'n'Treat) und in unterschiedlichen Größen. Sie werden wie ein Sandwich zusammengeklappt. Der Vorteil ist, dass man hier den Schwierigkeitsgrad an den Hund anpassen kann. Kaut der Hund leicht, kann er erst einmal eine Hälfte bekommen. Starken Kauern kann man die Hälften dann auch schon mal stärker zusammenschrauben.

Dental-Spielzeuge

Sie haben allesamt Rillen, in die Sie Essbares wie etwa Quark oder Leberwurst streichen können. Wenn Sie ein Handtuch unterlegen, können Sie es auch draußen benutzen.

Kong Stuff-a-ball

Diese ist auch für Hunde geeignet, die sehr kräftig zubeißen. Auch hier können Sie gut Futter in die Ecken streichen.

Jumping Jack und Dental Stick

Der Kong Dental Stick ist eine Stange mit Rillen, der Jumping Jack wird quasi aus zwei Jumping Jacks über Kreuz gebildet. Dies ist aber eher ein Spielzeug für Hunde, die nicht so fest kauen.

Hunter Dental Clean

Auch hier erlauben es Zwischenräume, dort Essen auf die Rillen zu schmieren. Für alle Hunde ist dies auch eine schöne Beschäftigung.

Es lohnt auf jeden Fall, in diese Spielzeuge zu investieren. Sehr gut geeignet sind auch Gitter- und Wabenbälle. Man kann hier z. B. Futterstückchen in Toilettenpapierrollen durch die Gitter schieben oder Hundekekse als Leckerli in den Öffnungen verstecken. Auch im Inneren können Futterstücke (wie Trockenpansen oder Hundekekse) versteckt werden. Besonders knifflig wird es, wenn die Futterstücke so groß sind, dass Sie diese zwar durch Ausdehnen der Gitter in den Ball bekommen, der Hund sie aber zerbeißen muss, um an die Stücke zu kommen.

Tabletts zum Schlemmen

Für Hunde eignen sich auch normale Kuchenformen wie Muffin-Formen aus Silikon oder Eiswürfelformen zu einem richtigen „Schlemmer-Spaß“. Silikonformen sind sehr gut geprüft, da mit Ihnen Lebensmittel hergestellt werden, dennoch können Sie die Form vorher von Schadstoffen befreien. Wenn Sie sicher sein wollen, stellen Sie die Form einfach für vier Stunden bei 200 Grad in den Ofen. Die Silikonformen oder Eiswürfelformen können Sie dann wunderbar mit Futter für Ihren Hund wie Quark, Streichkäse oder Leberpastete ausstreichen und Ihren Hund somit beschäftigen. Das hat viele Vorteile:

• Es eignet sich für fast alle Hunde, auch Hundesenioren oder ängstliche Hunde.

• Wenn Sie in jede Form etwas anderes geben, ist dies ein besonders abwechslungsreicher Spaß für Ihren Hund.

• Die Formöffnungen lassen sich mit allem möglichen befüllen: Kartoffelpüree, Quark, Fleischstückchen, Dosenfutter, Nudeln usw. Sie können hier bestimmen, was in die Öffnungen kommt.

• Auch starke Beißer schaffen es in der Regel, hier auf „Auslecken“ umzuschalten.

Der Antischlingnapf

Dieser Futternapf besitzt in seinem Inneren Labyrinth-Gänge, Noppen oder kleine Fächer, in die Sie das Futter geben können, denn in der Natur müssen sich Hunde ihr Futter erst einmal „erarbeiten“. Daher ist dies für Vierbeiner ein wahrer Spaß. Je tiefer die Gänge hier sind, umso schwieriger wird es für Ihren Hund, das Futter dort herauszubekommen. Es gibt sogar Näpfe, bei denen man die Größe der Fächer durch Schieberiegel variieren kann.

Futterbälle & Co., etwas für jeden Hund!

Dies ist die Mutter aller Intelligenzspiele für den Hund. Er ist auch eine klasse Alternative zum normalen Futternapf.

Für Ihren Hund eignen sich Futterbälle besonders gut, denn

• sie verbessern die Schnüffelarbeit Ihres Vierbeiners, wenn er herausfallende Stücke finden muss. In einem bunten Teppich oder draußen im Gras kann der Hund Futterstücke oft nicht gleich erkennen.

• die meisten Hunde denken sich Möglichkeiten aus, um zu verhindern, dass der Futterball beispielsweise unter Möbelstücke rollt. Er sorgt also auch für Gehirnjogging beim Hund.

• Futterbälle gibt es in allen möglichen Formen und jede neue Form sogt von Neuem für Gehirnjogging bei Ihrem Hund. Sie sollten jedoch darauf achten, dass die Futterbälle

• stabil genug für Ihren Hund sind und Sie die Öffnungen verstellen können, damit auch das Lieblingsfutter Ihres Hundes dort hineinpasst.

• zu Ihrem Hund passen, d. h.: Schafft Ihr Hund es in einer gewissen Zeit, den Futterball zu leeren?

• besonders am Anfang mit viel Futter gefüllt sind, um Ihrem Hund einen Anreiz zu geben, damit zu spielen.

• nicht gefährlich für den Hund sind. Beobachten Sie also am besten erst einmal, wie Ihr Hund mit den Futterbällen umgeht – auch wenn diese leer sind. Erst dann sollten Sie Ihren Hund damit allein lassen.

Hunde-Eis, ein wahrer Genuss, nicht nur an Sommertagen

Da das Eis nicht auf einmal verschlungen werden kann, ist es auch eine wunderbare Beschäftigung für Ihren Hund im Sommer. Das Hunde-Eis wurde weiter oben in dem Buch schon einmal erwähnt.

Das Grundrezept ist folgendes:

• Die Basis bilden Quark, Hüttenkäse oder Joghurt. Geschmack verstärkend können Leberwurst, Reibekäse, Dosenfutter, Babynahrung oder Thunfisch eingesetzt werden.

• Der Kong dient als Waffel für das Eis. Er hat den Vorteil, dass der Kong spülmaschinenfest ist und man ihn einfrieren kann. Sie können aber auch eine Kuhhufe oder einen Büffelhautschuh verwenden. Wenn Sie sichergehen wollen, dass es nicht ausläuft, stellen Sie das Hunde-Eis in eine passende Gefrierbox oder schmieren Sie Erdnussbutter ans kleine Ende des Kongs.

• Wenn Sie noch einen Ochsenziemer oder eine Büffelhaustange hineinstellen, ist der Kauspaß noch einmal so gut.

• Man kann es auch als „Sorbet" servieren.

Weitere großartige Rezepte sind:

• Eis aus reifen Bananen und Früchten der Saison: Dies können sich Hund und Mensch teilen.

• Fleisch am Stiel: Hundefeuchtfutter, mit Wasser vermischt, etwas Trockenfleisch, zur Deko ein paar Leckerbissen.

• Eis aus Naturjoghurt und zerdrückten Bananen.

• Eis aus Hüttenkäse, Gartenfrüchten der Saison und ein wenig Fleischbrühe.

• Eis aus pürierten Möhren, Hüttenkäse und Leberwurst.

• Eis aus 500 g Joghurt, einer Banane und 100 g Leberwurst.

• Eis aus Leberwurst und Magerquark.

• Eis aus Hüttenkäse und Rindermett.

• Eis aus Ziegenmilch, Petersilie und Dosenmilch.

• Eis aus Joghurt, etwas Sahne und etwas Agavendicksaft oder Obstpüree.

• Eis aus Joghurt, ein paar Früchten, getrocknetem Pansen und etwas Trockenfleisch.

• Eis aus Joghurt, Kokosmilch, Kokosraspeln und Honig.

- Eis aus Möhren und Äpfeln, beide gekocht und püriert.
- 1 gewürzte dünne Gemüsebrühe und 1 Dose Thunfisch.
- Eis aus Rinderblut, Keksen oder geriebenem Käse und einem Kauartikel als Stiel.
- Eis aus Rinderknochen und Streichwurst.

Natürlich können Sie hier auch variieren. Seien Sie kreativ, Sie wissen am besten, was Ihrem Hund bekommt und was er gern frisst.

Einen Eisblock für den Garten

Besonders im Sommer wird sich Ihr Vierbeiner darüber freuen. Füllen Sie dazu einfach ein Naturkautschuk-Spielzeug mit dem Futter, das Sie normalerweise benutzen. Füllen Sie dies dann in eine Gefrierdose, die Sie mit Wasser auffüllen. Lassen Sie alles dann einen Tag lang im Gefrierschrank, lösen Sie den Eisblock nun daraus und geben Sie diesen Ihrem Hund im Garten.

Kommen wir nun zu der liebsten Beschäftigung des Hundes: Schnüffeln.

SPAß MIT SCHNÜFFELN

Das Schnüffeln liegt Hunden im Blut. Sie können viel besser riechen, als wir Menschen es können, daher werden Sie auch so oft als Spür- oder Suchhunde eingesetzt.

Um einmal einen Eindruck zu geben, wie gut Hunde riechen können: Ein geübter Hund schafft es, zwei Sandkörner auf einem Sandstrand zu erschnüffeln, der 500 m lang ist, 50 m breit und 50 m tief ist. Logisch, dass sich daraus auch viele Denksportspiele ergeben.

Schnüffeln ist nicht nur artgerecht, sondern es hat für einen Hund auch viele wichtige Bedeutungen wie:

- Schnüffeln beschäftigt den Hund und lastet ihn aus. Denn die Eindrücke vom Schnüffeln müssen ja auch verarbeitet werden!
- Schnüffeln beruhigt, gerade unruhige Hunde sollten daher viel Nasenarbeit machen.
- Für viele Hunde, besonders z. B. Jagdhunde, ist Schnüffeln ein beliebter Ersatz für die eigentliche Aufgabe (bei Jagdhunden z. B. die Jagd).
- Hunde werden durch Schnüffeln in der Regel viel ausgeglichener.
- Schnüffeln ist etwas für jedes Hundealter. Ganz egal, ob Welpe oder Hundesenior – alle Hunde schnüffeln gern!

Die gute Nachricht für Sie ist: Schnüffel-Denkspiele sind in der Regel sehr einfach und lassen sich prima in den normalen Hundealltag integrieren. Schnüffelspiele sind eigentlich selbst belohnend, aber eine Belohnung nach getaner Arbeit schadet auch nicht und motiviert zusätzlich! Und denken Sie daran, dass Ihr Hund bei Nasenarbeit auch viel Flüssigkeit trinken sollte, denn das Schnüffeln trocknet aus! Falls Sie gleichzeitig mit Ihrem Hund Giftködertraining machen, sollten Sie das ebenfalls trennen und sicher sein, dass der Hund nur schnüffelt, sobald Sie das Signal gegeben haben bzw. bis sie es beenden.

Am besten lassen Sie Ihrem Hund bei Spaziergängen immer genug Zeit zum Schnüffeln, auch wenn Sie vielleicht genervt sind, wenn Ihr Hund minutenlang irgendwo herumschnüffelt. Die Freiheit braucht Ihr Hund. Wenn Sie können, gehen Sie immer mal andere Wege, damit Ihr Hund neue Sinneseindrücke bekommt. Gehen Sie auch einmal in den Park oder besuchen Sie früh morgens die Fußgängerzone, Ihr altes Schulgelände etc. Überfordern Sie Ihren Hund jedoch nicht, indem er tagelang in der Wohnung ist und dann plötzlich länger in fremder Umgebung. Lieber lassen Sie ihn ab und zu etwas Neues entdecken und servieren ihm die neuen Eindrücke scheibchenweise.

Wenn es hektisch wird, dann gehen Sie lieber ohne Ihren Hund los und lassen ihn daheim, denn er möchte seine Umgebung einfach ausschnüffeln.

Schnüffeltouren eignen sich besonders gut dazu, Ihren Hund mit anderen Hunden zusammenzubringen. Wie bei uns Menschen verbindet sie dann das gemeinsame Schnüffelerlebnis und die Hunde sind nicht so auf sich selbst fokussiert, sondern auf das Schnüffeln konzentriert.

Frohes Sockenschnüffeln: Dafür legen Sie alte, ausrangierte Socken von Ihnen und Ihrer Familie in eine Kiste. In eine Socke kommt ein Futterstück. Dieses muss Ihr Hund erschnüffeln und aus dem Korb holen. Dann sollten Sie ihm mit der Hand helfen, dass das Futterstück aus der Socke fällt. Zu Beginn legen Sie die Socken am besten der Reihe nach hin. Zunächst können Sie dann das Futterstück aus der Socke holen. Für den Hund können Sie die Socken so falten, dass die Fußspitze herausschaut und Ihr Hund so den Zipfel der Socke zwischen die Zähne nehmen kann, während Sie die Socke am anderen Ende festhalten. Besonders interessant wird diese Übung auf einem bunten Teppich, wenn das Futterstück dort auf den Teppichboden fällt und erschnüffelt werden muss.

Alte Waschmaschinen-Dosierkugeln eignen sich besonders gut, um darin Futterstücke zu verstecken, die erschnüffelt werden sollen. Gut ist, dass Ihr Hund gegebenenfalls die Kugeln umdrehen muss, um an das Futter zu kommen. Alternativ können Sie auch andere Behältnisse wie etwa PET-Flaschen oder Becher aus Kunststoff verwenden, bei denen der Hund so auf Anhieb nicht mit der Zunge an Futter gelangen kann.

Die Box zum Schnüffeln: Nehmen Sie einen alten Karton und schneiden Sie dort Löcher hinein, in die gerade so Toiletten- oder Küchenpapierrollen passen. Die Rollen schieben Sie dann in die ausgeschnittenen Löcher. Am besten falten Sie die Rollen auf der Innenseite oder tackern die Innenseiten zusammen, damit das Futter nicht herausfällt. In diesen Rollen können Sie dann Futter verstecken, das vom Hund erschnüffelt werden muss. Maßnehmen können Sie, indem Sie die Rolle im Durchmesser abzeichnen, wobei Sie den Stift an die Innenseite legen. Wenn das Futterstück versteckt ist, animieren Sie Ihren Hund zum Suchen. Zeigt Ihr Hund die Rolle mit dem Futterstück an, loben Sie ihn (mit Worten oder Clicker). So lernt Ihr Hund schnell, was er machen soll. Wenn Ihr Hund am Anfang beim Verstecken des Futterstückes zuschaut, ist es für ihn leichter.

Viel Schnüffelspaß verspricht auch diese Konstruktion: Sie benutzen eine **Dose oder einen Joghurtbecher** und schneiden dort Löcher hinein, die größer als die Leckerli sind. So können die Futterstücke hinausfallen. In die Dose stellen Sie noch einmal Toilettenpapierrollen, in die ebenfalls Löcher in der gleichen Größe eingeschnitten sind. Der Hund muss die Leckerli also aus beiden Behältnissen herausbekommen, was gar nicht so einfach ist! Dabei aber den Hund nicht allein lassen, denn er könnte die Konstruktion zerfetzen.

Der Handtuch-Schnüffel-Parcours: Die legen Sie mehrere (alte und ausrangierte) Handtücher zusammengefaltet auf den Boden und verstecken in einem oder mehreren der Handtücher Futterstücke. Ihr Hund muss nun herausfinden, in welchem Handtuch Futtertücke versteckt sind und sie aus dem Handtuch herausholen.

„Hase und Igel“: Verpacken Sie hier ein Futterstück so, dass Ihr Hund nicht herankommt. Einen Reißverschluss kann ein Hund beispielsweise in der Regel nicht selbst öffnen, dazu braucht er Sie auf jeden Fall. Geben Sie Ihrem Hund zuerst einmal ein paar Futterstücke aus der „Verpackung", damit Ihr Hund merkt, dass Sie ihm helfen müssen, um an das Futterstück zu kommen.

Als „Verpackung" können Sie einen Futterbeutel, ein Stifte-Etui oder z. B. einen Stoffhasen oder eine Stoffente benutzen. Nun können Sie das Spiel im Haus spielen, indem Sie Ihren Hund der Verpackung „nach–jagen" lassen, wenn Sie diese weg von sich werfen. Ihr Hund muss dann nicht Dinge herbeibringen können, Sie können dann auch zu ihm gehen, sobald er die „Beute" gefunden hat. Draußen können Sie das ebenfalls machen und alles vielleicht ein wenig weiter werfen. Mag der Hund die Verpackung nicht hergeben, damit Sie diese öffnen, werden Sie nicht böse, sondern bieten Sie ihm lieber an, Ihnen die Verpackung im Tausch mit einer Ration Hundefutter zu geben. Ihr Hund möchte die Verpackung nicht behalten, weil er etwa bösartig ist, sondern weil er einfach unsicher ist.

Auf Spurensuche: Richtige Fährtenarbeit müssen Sie mit Ihrem Hund erst langsam einüben. Aber Erschnüffeln kann Ihr Hund immer! Normalerweise schnüffeln Hunde in der Luft und schauen auch mit den Augen, da auch dort in der Luft überall Gerüche für sie zu finden sind. Haben Hunde ein Objekt erschnüffelt, laufen sie normalerweise auf dem kürzesten Weg dorthin und nehmen auch mal Abkürzungen. Das Schnüffeln mit der Nase am Boden bei der Fährtensuche und beim Hundesport ist eigentlich eher nicht natürlich für Hunde.Mit einem Helfer können Sie ausprobieren, wie gut Ihr Hund die Spurensuche beherrscht!

Lassen Sie einen Helfer, den Ihr Hund idealerweise gut kennt, mit einem Stück Wurst an einer 2 bis 3 m langen Leine erst einige Schritte geradeaus, dann nach links oder rechts vorauslaufen und sich verstecken. Während der Helfer geradeaus geht, schleift er die Wurst erst einige Meter am Boden, dann hebt er sie auf. Sie selbst halten den Hund an einer ca. 7 bis 10 m langen

Leine auf ca. 5 m Abstand zu Ihnen und lassen Ihren Hund suchen, sobald Sie denken, dass sich Ihr Helfer versteckt hat.

Seien Sie nicht böse, wenn der Hund die Fährte am Anfang nicht gleich findet, Übung macht den Meister! Wenn Sie „Nein!“ sagen, denkt Ihr Hund vielleicht, dass er gar nicht mehr suchen soll. Auch, wenn Ihr Hund direkt zu Ihrem Helfer läuft und nicht erst geradeaus und dann rechts oder links, belohnen Sie ihn! Ist das Spiel für Ihren Hund noch ungewohnt, dann sollte der Helfer noch nicht allzu weit weg vom Hund gehen.

Handschuhsuche: Hier brauchen Sie einen Gegenstand, den Ihr Hund besonders gern mag, etwa einen Handschuh von Ihnen. Futterstücke und evtl. einen Helfer, wenn der Hund nicht auf das Kommando „Bleib!“ hört.

Im ersten Schritt lernt Ihr Hund, nach dem gewünschten Gegenstand zu schauen. Das geht am besten, indem Sie dort vor den Augen Ihres Hundes auch immer ein Leckerli hinlegen, dass Sie halb mit dem Gegenstand überdecken. Schafft Ihr Hund das, können Sie einen Befehl einführen, sobald Ihr Hund losläuft wie etwa „Such den Handschuh!“.

Im nächsten Schritt lassen Sie das Leckerli unbemerkt vom Hund weg und geben Ihrem Hund das Futterstück direkt am Objekt mit der Hand. Dazu müssen Sie schnell sein. Nun können Sie auch ein Signalwort wie etwa „Super!“ oder „Yippie!“ einführen, wenn der Hund zum Objekt gelaufen ist. In Schritt 3 lernt der Hund nun das Anzeigen. Normalerweise zeigt Ihr Hund Ihnen sowieso, dass er den Gegenstand gefunden hat, etwa durch Schwanzwedeln, Scharren mit der Pfote, ausgedehntes Schnüffeln. Manchmal nimmt er den Gegenstand sogar in die Schnauze. Macht Ihr Hund dies, können Sie dies dann mit Clickern oder einem Leckerbissen belohnen. Wenn Sie möchten, dass Ihr Vierbeiner noch genauer anzeigt, zögern Sie etwas mit clickern oder loben. Das wird der Hund zum Anlass nehmen, um sein Verhalten zu verstärken und noch mehr mit der Pfote zu scharren oder noch mehr mit dem Schwanz zu wedeln etc. Dann gibt es wieder eine Belohnung. Steigern können Sie das Ganze noch, indem Sie:

– Verstecke vortäuschen

– noch andere Gegenstände dazu nehmen, wobei der Hund den richtigen Gegenstand erkennen muss.

– den Hund an einem anderen, ihm noch nicht bekannten Ort suchen lassen.

– den Gegenstand verstecken, wenn der Hund nicht dabei ist, und schauen Sie, ob er auf Ihr Kommando hin sucht.

Ein „Geruchsmemory“: Diese Übung besteht aus mehreren Schritten:

• *Schritt 1: Ihr Hund lernt, eine Belohnung im Topf zu erschnüffeln und anzuzeigen.* Nehmen Sie dazu 3 Becher und legen Sie im Beisein Ihres Hundes unter einen eine besonders attraktive Belohnung, wie etwa eine Leberwurst. Liegt Ihr Hund richtig und zeigt er den richtigen Becher an, so sagen Sie gleich das Markerwort wie „Yippie!“ Dies wiederholen Sie mehrmals und verstecken das Futterstück dabei immer unter einem anderen Becher. Beobachten Sie dabei, wie Ihr Hund den richtigen Topf anzeigt. Schnüffelt er intensiv? Wedelt er mit dem Schwanz? Sind Sie unsicher, zögern Sie das Signalwort heraus, damit Ihr Hund evtl. sein Anzeigeverhalten noch verstärkt.

• *Schritt 2: Der Hund lernt den Geruch vor dem Suchen kennen.* Nehmen Sie jetzt ein Muster des Geruches, das Ihr Hund erschnüffeln soll, und zeigen Sie es ihm vorher. Leberwust füllen Sie dabei am besten in eine Frischhaltetüte, damit sich darin der Duft konzentriert und er sich nicht mit dem Ihrer Hand vermischt. Auch kann der Hund die Leberwurst so nicht einfach „rauben“.

Verstauen Sie nun Ihr Futterstück unter dem Topf und machen Sie den Hund auf sich aufmerksam, damit er nicht von dem Futterstück abgelenkt ist. Lassen Sie ihn nun an der Tüte mit dem „Musterstoff“ schnüffeln. Nun führen Sie das Kommando „Riech!“ ein, nehmen das Geruchsmuster weg von der Hundenase und sagen „Zeig‘s mir!“. Nun findet der Hund den gleichen Geruch unter dem Topf vor wie in der Tüte und wird es wie bei Schritt 1 anzeigen. Benutzen Sie dabei immer unterschiedliche Futterstücke (jedes Mal natürlich gleich bei Muster und Topf). So merkt der Hund langsam, dass da ein Zusammenhang besteht.

• *In Schritt 3* kommen wir immer näher ans Endziel. Wenn der Hund Düfte erkennen soll, die er nicht so mag (wie z. B. Tee), dann können Sie ihm bei Erkennen gleich eine Belohnung mit der Hand geben. Hier nehmen Sie den Topf nicht mehr hoch und geben dem Hund die Belohnung, sondern geben ihm etwas aus Ihrer Hand, dass er gern frisst.

Nehmen Sie von Mal zu Mal Belohnungen, die Ihr Hund immer weniger mag, etwa ein Stück Knäckebrot, einen trockenen Hundekeks oder ein Apfelstück. Sucht Ihr Hund immer noch so eifrig?

• *Bei Schritt 4* soll Ihr Hund nicht essbare Dinge wie etwa Kamillenteebeutel erschnüffeln. Stellen Sie hier sicher, dass Sie diesen Duft großzügig verteilen, also z. B. ein paar Teebeutel unter den Topf legen. Auch sollten Sie nichts benutzen, was für Hundenasen aggressiv ist wie etwa Pfefferminztee.

Nehmen Sie hier erst einen Duft und bleiben Sie dabei. Erst später können Sie in den anderen Töpfen weitere Düfte einführen.

Hilfreich beim Schnüffeln-Lernen kann die IntelliDog Scentbos sein. Dies ist eine verschließbare Kiste, in der in passenden Aussparungen Töpfe stehen. Im Deckel über den Bechern befinden sich Geruchslöcher. Das hilft dem Hund beim Erschnüffeln.

Nun kommen wir zu dem nächsten Hundehobby – dem Turnen!

TURNEN MIT HUNDEN

Um mit Ihrem Hund zusammen zu turnen, müssen Sie nicht unbedingt

Spitzensportler sein. Bewegung ist jedoch nicht nur für Ihren Vierbeiner, sondern auch für Sie selbst förderlich.

Wenn Sie dafür sorgen, dass sich Ihr Hund regelmäßig bewegt, werden Sie sehen, dass der Vierbeiner keine eigenen Ausflüge zum Jagen mehr macht und sich auch in der Wohnung viel ruhiger verhält. Da Hundesport eigentlich eher auf langsamere, koordinierte Bewegungen abzielt, ist Sport mit dem Hund eigentlich für jedes Hundealter bestens geeignet.

Da ist der Leitsatz „Probieren Sie es doch einmal mit Gemütlichkeit" Trumpf, denn es gibt viele Gründe dafür, die Bewegung mit Hunden langsam, aber regelmäßig und beständig anzugehen –genauso wie beim Menschen!

- Ihr Hund sollte die Bewegungen und Hindernisse, die er überwindet, bewusst spüren. Nur so ist dies auch tatsächlich Gehirnjogging.
- Gute Bewegungen sind meist langsam. Überhaupt sind viele Bewegungen langsamer noch viel schwerer, da man auf Präzision achten muss, anders, als wenn die Bewegung schnell ausgeführt wird.
- Auch bei Hunden ist es so, dass schnelle Bewegungen oft dazu führen, dass Hunde noch unruhiger werden, was Sie natürlich vermeiden wollen.

Es gibt einige gute „Tricks" wie man Hunden gut beibringen kann, über Hindernisse zu laufen Ihr Hund sollte dabei nicht zu stürmisch sein, indem Sie ihn mit der Leine zurückhalten müssen. Er sollte aber auch nicht zu ängstlich vorgehen, sodass Sie ihn über das Hindernis ziehen müssen. Immer gelten diese Regeln:

- Benutzen Sie Futterstücke! Legen Sie besonders am Anfang am besten Futterstücke auf die Hindernisse, denn dann gehen es Hunde von Natur aus ruhiger an. Wenn Sie auf den Hindernissen fressen, gibt dies dem Hund sogar ein gutes Gefühl. Er lernt: Hier gibt es eine Belohnung! Hier fühle ich mich wohl! Gut ist auch, wenn Sie ein Futterstück in der Hand in niedriger Höhe halten, sodass der Hund nicht nach oben schaut und die Hindernisse auch richtig sieht.

• Wenn Sie Futterstücke auf die Hindernisse oder auf den Boden (damit der Hund es als Belohnung bekommt, wenn er über das Hindernis gestiegen ist) gelegt haben, zeigen Sie darauf mit Ihrer Hand. Das hat sogar den Vorteil, dass der Hund erlernt, Ihrer Hand Folge zu leisten.

• Stellen Sie sicher, dass sich Ihr Vierbeiner nicht beim Klettern über Hindernisse verletzen kann.

• Fragen Sie im Zweifel Ihren Tierarzt, wenn Sie sich nicht sicher sind, ob Ihr Hund die Bewegung auch wirklich machen sollte.

• Belohnen Sie Ihren Hund auf jeden Fall und schimpfen Sie nicht, wenn Ihr Hund eine Übung einmal nicht so gut hinbekommen sollte – das ist ganz normal, niemand ist perfekt und er hat sich wahrscheinlich so schon sehr überwunden.

• Der Hund sollte alles freiwillig machen und zu nichts gezwungen werden. Wenn es geht, berühren Sie Ihren Hund möglichst nicht. Leinen sollten draußen immer mit Brustgeschirr und nicht mit einem Halsband (das einschnüren könnte) befestigt werden.

Mit diesen Grundsätzen können Sie Ihrem Hund einiges beibringen!

Sprünge erlernen

Wenn Sie Ihrem Hund Springen beibringen wollen, sollten Sie immer sicher sein, dass genügend Platz vorhanden ist und Ihr Hund am Boden nicht ausrutschen kann (draußen etwa nach Regen, wenn der Boden nass und rutschig ist).

• Bringen Sie Ihrem Hund zuerst bei, nur über ein nicht allzu großes Hindernis zu springen und erstellen Sie nicht gleich zu Anfang einen ganzen Parcours. Das würde Ihren Hund überfordern. Gut geeignet wäre beispielsweise ein Blumenkasten, den Sie zwischen zwei Stühle stellen.

• Futter und Spielzeug werden Ihren Hund dazu bringen, über die Hürde zu laufen. Am besten nehmen Sie Futterstücke in die Hand und laufen neben Ihrem Hund. Eine Alternative wäre es, hinter das Hindernis zu gehen, wenn ein Helfer den Hund hält oder wenn der Hund von sich aus gelernt hat zu warten. Oft hilft es auch, mit dem Hund gemeinsam über das Hindernis zu „springen". So versteht der Hund am besten, was Sie eigentlich von ihm möchten.

• Kann Ihr Hund über ein Hindernis springen, können Sie das Gelernte dann ausbauen. Nun können Sie z. B. Belohnungen hinter das Hindernis werfen und Ihren Hund so animieren, darüber zu springen. Auch können Sie nun mehrere Hürden aufstellen oder auch einmal von unterschiedlichen Ausgangspunkten aus starten. Auf Wunsch können Sie auch ein Signalwort – wie z. B. „Hopp!" einüben. Sagen Sie das Signalwort immer dann, wenn der Hund zum Sprung über die Hürde ansetzt.

Der Sprung durch einen Reifen

Diesen Trick sieht man sehr häufig bei Hundedressuren: Hula-Hoop-Reifen kennen Sie wahrscheinlich und vielleicht haben Sie auch einen irgendwo bei sich im Haus.

Durch einen Reifen zu springen, lernt Ihr Hund am besten folgendermaßen:

• Am Anfang klemmen Sie den Reifen, durch den Ihr Hund springen soll, links und rechts jeweils zwischen 2 Stühle. Insgesamt werden also erst einmal vier Stühle benötigt, zwei an jeder Seite. Der Reifen sollte mit dem Boden in Berührung stehen. Der Vorteil dieser Konstruktion ist es, dass Sie freie Hände haben und so Ihren Vierbeiner besser leiten können.

• Kann Ihr Hund dies, können Sie die Stühle dann auch weglassen und versuchen, Ihren Hund so durch den Reifen zu locken. Am besten nehmen Sie, sollte Ihr Hund rechts von Ihnen sein, den Reifen – der immer noch

Bodenhaftung hat – in die rechte und ein Futterstück in die linke Hand. Hält sich Ihr Hund links von Ihnen auf, machen Sie es genau umgekehrt: Den Reifen halten Sie dann links, das Leckerli in der rechten Hand. Haben Sie Geduld, es kann sein, dass Ihr Hund eine Weile braucht, um zu verstehen, dass es genau dasselbe ist wie mit den Stühlen.

- Nun können Sie den Reifen langsam Stück für Stück, cm für cm etwas höher halten. Wenn Sie ein Leckerli oder eine Belohnung durch den Reifen werfen, spornt das den Hund am besten an.
- Zum Schluss können Sie hier wieder einen Befehl wie „Durch den Reifen!“ geben, sobald der Hund durch den Reifen springen möchte.
- Wenn Sie möchten, können Sie auch aus Ihren Händen einen Reifen bilden, durch den Ihr Hund springen soll.

Unter und über die Hindernisse

Abwechslung ist Gehirnjogging, das haben wir schon festgestellt. Lassen Sie Ihren Hund also ruhig auch einmal unter einem Hindernis bei einem Waldspaziergang z. B. ein Baumstamm – durchkriechen. Hier können Sie Ihren Hund auch prima mit einem Futterstück in der Hand „führen“. Oder Sie wechseln mit Durchkriechen und Überqueren. Achten Sie aber darauf, dass beim Durchkriechen das Hindernis Ihren Hund nicht verletzt.

Klettern, nicht springen

Sowohl Ihrem Hund als auch Ihnen macht Springen sicher Spaß. Langsames Klettern ist für Ihren Vierbeiner noch viel schwieriger, denn es erfordert viel Körpergeschick. Gut am Anfang ist es, wenn Sie mehrere niedrige Hindernisse bzw. Stangen hintereinanderstellen. Sie können die Stangen auch in eine Halterung legen, z. B. in das Gitter einer Umzäunung. So liegt ein Ende der Stange am Boden, das andere in der „Halterung“. Gern können Sie dabei auch die Seiten wechseln und zur Abwechslung einmal die andere Seite nach oben stellen. Als Stangen können einfache Haushaltsgeräte dienen:

Besenstiele oder andere Stangen haben Sie sicher im Haushalt.

Die menschlichen und natürlichen Hürden

Ein Mensch kann auch sehr gut eine „Hürde“ für den Hund sein. Sie können z. B. eine Hürde mit Ihren Beinen bilden oder – wenn Sie andere Familienmitglieder oder Freunde einbeziehen wollen, eine Hürde mit den Händen. Das macht nicht nur Ihrem Hund Freude, ist am Anfang aber vielleicht nicht so einfach. Belohnung auf jeden Fall nicht vergessen!

Schauen Sie sich auch einmal beim Spazierengehen genauer um: Da gibt es sicher auch überall natürliche Hürden, wie Baumstämme im Wald oder Hügel auf Feldwiesen.

Selbstgebaute Hindernisse

Wenn Sie ein kleines bisschen geschickt sind, können Sie auch selbst Hindernisse für Ihren Hund bauen. Aus Holzstangen können Sie z. B. zwei Cavaletti-Kreuze basteln, auf die dann eine längere Stange gelegt wird. Ein Gummi sorgt hier dafür, dass die aufgelegte Stange nicht im Eifer des Gefechtes verrutscht. Niedrige Pferdehindernisse eignen sich auch besonders gut zum Üben. Besonders gut lassen sich Hürden auch aus Weidezaunpfosten (Kunststoff-Zaunpfähle, die an den Seiten Halterungen haben) bauen, die es im Agrarhandel wie Raiffeisen gibt, und Kunststoffrohren aus dem Baumarkt (ca. 1 m lang und 12 mm Durchmesser). Eine Holzleiste kann auch als Stange verwendet und je nach Gusto noch angestrichen werden. Aber eine Kunststoffröhre ist leichter und es ist dann nicht so schlimm, wenn Ihr Hund einmal im Eifer des Gefechtes dagegen rennt.

Mit dem Föhn können Sie bei Halterungen der Weidezaunpfähle so verbiegen, dass Sie die Stange drauflegen können. Wenn Sie das Hindernis aufstellen, sollten Sie darauf achten, dass an einem Pfosten die Halterungen vorn, an dem anderen Pfosten die Halterungen hinten sind. Auch im

Pferdesport wird dies erst einmal so praktiziert. Wenn der Hund die Stange doch einmal herunterwirft, kann die Stange zu beiden Seiten hinunterfallen.

Alltagsgegenstände wie:

- Regalbretter
- Kästen für Blumen
- Schuhkartons
- Menschliche Beine
- Decken
- Netze von Tischtennisplatten
- Ein festgehaltener Stiel eines Besens

können ebenso als Hindernis zum Trainieren dienen! Ihre Kreativität ist hier gefragt!

Kommen wir nun zu einem großartigen Hilfsmittel zum Erlernen der Denksportaufgaben: Dem „Clickern“ bzw. Einführen eines „Markersignals“.

Hunde lernen durch „clickern“ oder ein anderes Markersignal

Viele Jahre geriet Clickern in Vergessenheit. Erst in den letzten Jahren wurde es bei der Hundeerziehung nach und nach wieder eingeführt. Hier geht es bei Clickern vor allem darum, wie ein Clicker bei den Denksportaufgaben helfen kann.

Ein Clicker zeigt Ihrem Hund an, dass das, was er gemacht hat, richtig war bzw. dass er seine Übung richtig gemacht hat. Geeignet ist ein Clicker sowohl in der Grundausbildung als auch beim Einüben bestimmter Tricks. Daher eignet er sich auch sehr gut als Begleitmittel zum Denksporttraining. Clickern motiviert sowohl Hunde als auch ihre Besitzer.

Nein, Clickern ist kein Wundermittel, es ist einfach nur eine schöne und äußerst effektive Methode, dem Hund zu zeigen, was man gern von ihm haben möchte.

Der Grundsatz des Trainings mittels eines Clickers heißt: Belohnung. Man zeigt dem Hund, dass sein Verhalten bestimmte Reaktionen nach sich zieht, dass es Konsequenzen hat. Das ist genauso wie beim Menschen, bei dem Verhalten auch bestimmte Reaktionen anderer Menschen nach sich zieht und es Folgen hat.

Grundsätzlich hilft Lob immer viel mehr als Strafe, auch beim Hund. Denn wenn Ihr Hund etwas nicht mehr machen soll, dann müssten Sie ihn schon ganz stark strafen, was natürlich nicht erwünscht ist, denn es hat auch immer Nebenwirkungen. Ihr Hund zieht sich bei Bestrafung zurück. Besonders dann, wenn er nicht versteht, warum Sie ihn so bestraft haben. Er ist verunsichert und verstört und das Vertrauen zu Ihnen ist ebenfalls zerstört.

Jeder Hund mag Bestätigung und belohnt zu werden, deshalb wird er nie wissentlich etwas machen, wovon er meint, dass es Ihnen nicht gefallen könnte. Hier einmal kurz die Basics zum Clickern:

DIE CLICKER-BASICS

Beim Clickern kommt es immer darauf an, dass Sie es mit einer Belohnung kombinieren und noch wichtiger: Dass Sie den richtigen Zeitpunkt erwischen, denn Ihr Hund muss auch genau verstehen, welches Verhalten Sie genau belohnen. Ein Clicker ist so ein Markersignal, welches Ihrem Hund zeigt, für welches Verhalten er belohnt wird. Soll Ihr Hund beispielsweise etwas herbeiholen, müssen Sie genau clickern und ihm dann die Belohnung geben, wenn er den Gegenstand im Mund hat und nicht erst, wenn er ihn fallen lässt. Denn dann denkt Ihr Hund, dass er die Belohnung für das Fallenlassen des Gegenstandes bekommt und das wollen Sie gerade nicht! Indem Sie im richtigen Moment den Clicker betätigen (man drückt entweder auf einen Knopf oder eine Lasche), zeigen Sie Ihrem Hund: So ist es richtig!

Haben Sie einmal keinen Clicker zur Hand, tut es auch ein anderer Marker, wie etwa ein Pfiff oder ein kurzes, prägnantes Wort (z. B. „Ja!", „Super!"). Auch ein Kugelschreiber oder ein Knackfrosch aus dem Spielzeugladen können als Clicker verwendet werden! Stellen Sie sich einfach vor, dass Sie mit dem Clicker eine Momentaufnahme machen wollen. Da müssen Sie auch genau den richtigen Zeitpunkt erwischen. Diese Momentaufnahme merkt sich Ihr Hund und er assoziiert dieses Verhalten dann immer mit einer Belohnung.

Als Allererstes müssen Sie Ihrem Hund die Bedeutung des Clickers zeigen. Es ist wie bei der Schulglocke: Zuerst wissen Erstklässler auch nicht, was sie bedeutet, aber bald erkennen sie, dass die Glocke den Beginn oder das Ende der Schulstunde anzeigt. Bald genügt schon die Vorstellung und man verbindet mit dem Läuten der Schulglocke z. B. Freizeit (Pause, jetzt kann ich nach Hause!). So ist das beim Clicker auch: Bekommt der Hund gleich danach eine Belohnung, so wird er den Zusammenhang sicher sehr schnell begreifen.

Sie markieren das gute Verhalten und Ihr Hund darf die Belohnung für seine Bemühungen abholen.

Das Trainieren mit dem Clicker hat auch für den Denksport sehr viele Vorteile:

- Ihr Hund wird aktiv und denkt mit, denn er will belohnt werden. Das Trainieren kann also mit viel weniger Stress erfolgen.
- Komplizierte Übungen lassen sich mit einem Clicker viel leichter erlernen und üben. Daher kommt es auch gerade im Hochleistungssport bei Tieren zum Einsatz.
- Da richtiges Training mit dem Clicker keine Strafen kennt, geht der Hund viel unbekümmerter an die Übungen. Er muss keine Angst haben, etwas falsch zu machen. Der Hund kann frei denken und lernt besser. Das ist beim Menschen auch nicht anders, den Angst durchaus lähmen kann.
- Clickertraining sorgt nicht nur für Beschäftigung und Ermüdung, es fördert auch die Fähigkeit des Hundes, „um die Ecke“ zu denken und neue Probleme zu lösen. In Stresssituationen wird der Hund dann viel entspannter und weniger aggressiv reagieren. Probleme lösen zu lernen, ist auch ein Ziel des Denksporttrainings beim Menschen.
- Es ist für Hunde jeder Rasse und jeden Alters geeignet und daher ist es nie zu spät, damit zu beginnen. Es bringt einfach Freude und Spaß!

Vergessen Sie nicht, beim Clickern besonders schmackhaftes Futter zu verwenden wie etwa Leberwurst oder Käse! Das motiviert besonders!

Wie zeigen Sie Ihrem Hund nun am besten, was Clickern bedeutet?

- Clickern Sie zuerst einfach einmal so und geben dem Hund eine Belohnung. So lernt der Hund: Bei dem Geräusch werde ich belohnt!
- Wiederholen Sie das zunächst ca. 15- bis 20-mal und gehen Sie auch einmal

in eine andere Ecke des Raumes, damit der Hund merkt: Das gilt überall, egal, wo ich bin!

• Nach 2 oder 3 Tagen können Sie dann mit Grundübungen loslegen.

Den nächsten Schritt nennt man **„Shaping“** und das wird uns auch bei den ganzen Denksportübungen begleiten. Das heißt, dass man Übungen in Teile zerlegt und auseinandernimmt. Hier mal Beispiele:

• Soll Ihr Hund lernen, Ihnen etwas zu bringen, so clickern Sie und belohnen Sie ihn schon, wenn er sich dem Objekt nähert. Dann warten Sie beim nächsten Mal etwas mit dem Klick und Ihr Hund wird sich wundern und denken: Warum clickert Frauchen oder Herrchen denn nun nicht mehr? Er wird dann vielleicht herumprobieren und das Objekt in seine Schnauze nehmen – worauf Sie clickern und ihn belohnen. So geht es immer weiter, Schritt für Schritt, bis er es kann.

• Soll Ihr Hund auf der Sandkastenumrandung selbstständig eine Runde drehen, können Sie ihm dies auch mit Clickern und Belohnen beibringen: Zuerst clickern und belohnen Sie ihn schon, wenn er in die Nähe geht, dann warten Sie mit dem Click, bis er die Pfoten auf die Umrandung setzt usw., bis er allein umhergeht. Natürlich können Sie ihn auch mit der Hand und Futter „führen“. Ihr Hund wird jedoch nicht begreifen, warum er dann die Belohnung bekommen hat und den Bewegungsablauf nicht speichern. Für ihn wäre es so nur ein „Ich folge dem Essen!“ gewesen.

• Besonders wichtig ist das Training mit dem Clicker für Alltagsaufgaben eines „Service-Hundes“, dass er versteht, warum er die Belohnungen bekommt. Soll er die Tür öffnen und Sie stehen bei der Tür und halten das Futter hoch, wird Ihr Hund wahrscheinlich an Ihnen hochspringen, um das Futter zu bekommen und vielleicht dabei die Tür öffnen, er wird aber nicht verstehen, was er da macht. Aber Ihr Hund soll das ja machen, wenn Sie auf dem Sofa sitzen. Also bringen Sie ihm zuerst langsam bei, zur Tür zu gehen und sie dann zu öffnen, ganz im Sinne des Shapings.

Arbeiten Sie beim Hundedenksporttraining mit einem Clicker, so gelten folgende **Grundsätze:**

- Überlegen Sie sich zuerst die Teilschritte und wiederholen Sie diese. Wenn es sein muss, gehen Sie auch mal einen Schritt zurück. Am besten machen Sie dies nach etwa 2 Fehlversuchen, damit bei Ihnen und vor allem Ihrem Hund auch kein Frust aufkommt.

- Teilschritte können z. B. sein: 1. Anschauen des Zielobjektes 2. Zum Zielobjekt gehen 3. Am Zielobjekt schnuppern 4. Eine Pfote auf das Zielobjekt setzen 5. Beide Pfoten auf das Zielobjekt setzen 6. Auf das Zielobjekt steigen 7. Einen Schritt auf dem Zielobjekt machen 8. Zwei Schritte auf dem Zielobjekt machen usw.

- Clickern und belohnen Sie dann wirklich bei jedem Schritt!

- Einheiten von einer Minute reichen in der Regel aus, denn für den Hund bedeuten diese allerhöchste Konzentration! Zwei bis vier dieser Einheiten hintereinander reichen. Verteilen Sie die Einheiten lieber über den Tag und trainieren nach Feierabend noch einmal.

- Haben Sie Ihren Clicker immer in Reichweite, wenn Ihr Hund in der Nähe ist – so kann Denksporttraining auch spontan stattfinden.

- Seien Sie während des Trainings lieber ruhig, da alles andere Ihren Hund verwirren würde. Das „Klick" ist Signal genug! Sie müssen nicht bewegungslos dasitzen und können sich durchaus freuen, aber Sie sollten sich schon im Hintergrund halten.

- Ein Signal können Sie immer dann einführen, wenn Sie sich sicher sind, dass Ihr Hund die gewünschte Übung gleich vorführt bzw. er das Verhalten zeigt, dass Sie sich von ihm wünschen. So bringen Sie Ihrem Hund auch z. B. „Sitz" oder „Platz" bei: Sie sagen den Befehl immer dann, wenn Ihr Hund sich setzen oder hinlegen möchte.

• Bedenken Sie, dass jede neue Umgebung Denksport für Ihren Hund ist: Wenn er also etwas drinnen in der Wohnung gelernt hat und nun das Gleiche im Garten machen soll, kann es sein, dass dies noch nicht so gut funktioniert und Sie noch einmal in den Schritten zurückgehen müssen.

• Hören Sie immer dann auf, wenn es am meisten Freude macht und denken Sie – wie beim (Bewegungs-) Sport an den „Cooldown“. Dazu können Sie beispielsweise Ihren Hund Leckerlis erschnüffeln lassen, die Sie auf den Boden werfen.

• Bereiten Sie immer schon alles für die Übung vor, bevor Sie Ihren Hund dazu holen. Das erspart es Ihnen, dass Ihr Hund zum „Zappelphilipp“ und unruhig wird.

• Wenn Sie beim Denksporttraining clickern, sollten Sie immer belohnen. Das ist wichtig! Wenn Ihr Hund die Übung beherrscht, können Sie aber gern mit der Belohnung variieren, sodass Ihr Hund nicht genau weiß, welche Belohnung dann auf ihn wartet.

• Lernen findet immer statt, wenn Sie also sehen, dass Ihr Hund gerade Lust hat, nutzen Sie es aus und bestärken Sie ihn! Den Clicker und die Belohnung sollten Sie also immer in Reichweite haben.

• Sie können gern an verschiedenen Übungen arbeiten, aber diese sollten sich nicht zu sehr ähneln. Üben Sie beispielsweise das Aufstellen auf die Hinterbeine und gleichzeitig, dass Ihr Hund nicht andere zur Begrüßung anspringt, könnte das den Hund verwirren.

• Bedenken Sie immer, was der Klick bei Ihrem Hund auslöst, und dass Sie das momentane Verhalten belohnen wollen. Ein Klick sollte nicht dazu dienen, den Hund herbeizurufen. Wenn Ihr Hund z. B. beim Spaziergang zu lange schnüffelt und Sie ihn mit dem Clicker zu sich rufen wollen, denkt Ihr Hund, dass er für das Schnüffeln (=momentanes Verhalten) belohnt wird. Er wird dann sofort weiter schnüffeln. Besser ist es, für das Herbeirufen einen Befehl einzustudieren, wie z. B. „Bei Fuß“.

• Falls Sie mehrere Hunde besitzen: Beim Clickern ist es besser, mit einem Hund zu arbeiten und den anderen Hund währenddessen mit einem Kauknochen zu beschäftigen.

• Bestrafen Sie Ihren Hund nicht, wenn er nicht gleich das gewünschte Verhalten zeigt. Am besten ist es, Sie sorgen dafür, dass er gar nicht unerwünschtes Verhalten (wie etwa ohne Leine stiften zu gehen) zeigt. Das erreichen Sie dadurch, indem Sie positives Verhalten bestärken. Dann können Sie bei den Übungen Ihrem Hund auch mehr Freiheiten gewähren.

Nun geht es an das praktische Training!

PRAKTISCHES TRAINING

Beginnen werden Sie Clickertraining mit Einstiegsübungen.

• Machen Sie sich zuerst mit dem Clicker vertraut und lernen Sie, den richtigen Moment abzupassen. Das können Sie – in Abwesenheit Ihres Hundes – üben, indem Sie beispielsweise einen Ball am Boden springen lassen und dann clickern, wenn der Ball den Boden berührt. Oder Sie werfen den Ball und clickern, wenn der Ball am höchsten ist. Sie können dabei auch mit anderen Personen üben.

• Starten Sie mit einfachen Übungen:
– Eine Hilfsperson bedient den Clicker, während Sie dem Hund beide Hände hinhalten. In der einen Hand ist Futter, in der anderen nicht. Immer, wenn der Hund sich der leeren Hand zuwendet, clickern Sie nun. So lernt der Hund, dass es sich lohnen könnte, nicht immer gleich das Futter haben zu wollen.

– Anfänger benutzen am besten einen sogenannten „Target-Stick“, also einen Zielstick. Das kann z. B. eine Fliegenklatsche, ein Stab, der mit Klebeband umwickelt ist oder auch ein Kochlöffel sein.

Nehmen Sie Stick und Clicker nun in eine Hand und die Belohnung in die andere. Verstecken Sie zuerst den Stick hinter dem Rücken und holen Sie ihn vor Ihrem Hund hervor. Wenn er sich ihm nähert, clickern Sie und belohnen ihn. Denken Sie daran, dass Sie das schnell ein paarmal wiederholen (ca. 10-mal pro Minute), damit Ihr Hund das versteht. Verlangen Sie dann langsam mehr von dem Hund, z. B., dass er ihn mit der Schnauze berührt usw. Für Denksportaufgaben und Tricks ist dies später ebenfalls sehr nützlich, denn Sie können Ihren Hund damit „führen".

– Kisten sind am Anfang auch sehr gut geeignet, um das Clickern zu üben und gleichzeitig die Kreativität als Teil des Denksporttrainings zu fördern. Mit der Kiste kann ein Hund sehr viel tun. Er kann sie schubsen, sie vor sich herschieben, sich hineinlegen, daran schnüffeln …

Präsentieren Sie Ihrem Hund eine Kiste und schauen Sie, was passiert! Schon ohne Clicker wäre dies Denksporttraining für den Hund. Denken Sie nun daran, sofort zu clickern und zu belohnen, wenn sich Ihr Hund der Kiste zuwendet. Macht Ihr Hund etwas, was er machen soll, zeigen Sie ihm dies durch clickern und belohnen. Am Anfang können Sie auch Ihre Hand benutzen, um Ihren Hund langsam zu dem Objekt hinzuführen.

Wenn Sie möchten, können Sie auch hier ein Kennwort einführen, das Ihrem Hund zeigt, dass er selbstständig etwas machen soll wie etwa „Auf geht's!" oder „Show!".

• Wenn gerade nichts zur Hand ist, geht das Clickertraining aber auch ohne Gegenstände, auch wenn es vielleicht etwas schwerer ist. Nehmen Sie einfach ein Futterstück in die Hand.

Wenn Ihr Hund dies sieht oder riecht, wird er es haben wollen und schauen, wie er es bekommt. Er wird nun verschiedene Verhaltensmuster zeigen, wie etwa Pfote heben, zurückgehen etc. Wenn Ihnen das gefällt, was Ihr Hund da macht, clickern und belohnen Sie. Vielleicht können Sie so sogar einen Trick daraus entwickeln wie etwa Rückwärtsgehen, wenn Sie das Clickern und Belohnen immer etwas länger hinauszögern. So geht der Hund beispielsweise nicht nur einen, sondern mehrere Schritte zurück.

• Besonders kreative Hunde fördern Sie, indem Sie mit Clickern und Belohnen so lange warten, bis der Hund etwas Neues macht, dass Sie für „Clickerwürdig" halten. Das könnte für den Hund Stress bedeuten, daher sollte er vorher schon zumindest ein paar Erfahrungen mit dem Clicker gemacht haben. Denksport ist das für den Hund auf jeden Fall!

Das sogenannte „Target-Training", bei dem der Hund einem Ziel folgen soll, können Sie nicht nur mit einem Stock, sondern auch mit ganz anderen Dingen durchführen. Und jedes Mal ist es Denksport!

• So eignen sich Filmdöschen beispielsweise besonders gut, um das „Vorausschicken" zu üben, also den Hund vorlaufen zu lassen.

• Mit Klebezetteln können Sie Ihrem Hund beispielsweise beibringen, Schubladen zu schließen. Wenn er weiß, dass er Klebezettel anstupsen soll (der erste Schritt), können Sie diese an die Schublade kleben und immer mehr reduzieren, bis kein Zettel mehr an der Schublade klebt und der Hund diese von selbst schließt.

• Sie können Ihrem Hund auch beibringen, Ihrem Daumen bzw. Ihrer Hand zu folgen. Gerade das kann im Hundealltag sehr nützlich sein!

• Oder wie wäre es, dem Hund beizubringen, an einer Blume zu riechen? Denken Sie dabei jedoch daran, dass er das dann wahrscheinlich auch bei teuren Pflanzen im Haus tun wird und nicht nur im Feld!

• Auch mit der Pfote können Sie Target-Training betreiben. Das üben Sie am besten jedoch mit einem anderen Objekt und nicht mit dem gleichen Gegenstand, der bei dem Training mit der Schnauze verwendet wurde. Am besten geeignet ist hier ein Pappstück, eine zusammengefaltete Decke oder ein Mauspad. Immer, wenn Ihr Hund den Gegenstand berührt, wird geklickt und belohnt. Bedenken Sie jedoch, dass Sie eventuell noch einmal üben müssen, wenn Sie etwas anderes benutzen. Ihr Hund versteht noch nicht, dass es allgemeingültig ist.

Wenn Sie sich mit allem bestens vertraut gemacht haben, können Sie nun auch gezielt Verhaltensweisen Ihres Hundes hervorrufen – Denksport pur!

Dafür eignen sich viele Gegenstände, die Sie entweder daheim haben oder für ein paar Cent auf dem Flohmarkt erwerben können. Besonders schön ist es auch für den Hund, wenn die Gegenstände farbig sind und blinken. Verwenden können Sie zum Beispiel:

– Sogenannte „Stehaufmännchen". Der Vorteil ist, dass diese immer wieder in ihre Ausgangslage zurückgehen, sodass sie ihren Standort nicht verlassen müssen.

– Chips-Dosen oder Pylonen.

– Kinder-Tastinstrumente (hier sollten Sie dem Hund vielleicht vorher schon einmal den Klang vorspielen, damit er sich daran gewöhnt).

– Kreisel oder Spielzeugautos

– Bälle oder andere rollende Objekte. Besonders spannend für den Denksport wird es, wenn diese vorher z. B. aus einem aufblasbaren Ring herausgeschoben werden müssen.

Auf geht's! Ihr Hund bewegt sich mit Objekten

Ziel dieser Übungen ist es, dass Sie Ihrem Hund nicht vormachen, was er machen soll (also z. B. in die Kiste steigen, über ein Hindernis springen), sondern ihn selbst verschiedene Dinge ausprobieren lassen und diese dann clickern und belohnen.

– Gut geeignet sind hier z. B. Kisten (Schuhkartonkisten von Stiefeln sind ideal!) oder Reifen, in die der Hund steigen soll. Auch hier gilt, immer in kleinen Schritten zu clickern und zu belohnen. Zuerst clickern und belohnen Sie den Hund schon, wenn er in die Nähe geht. Dann belohnen Sie ihn, wenn er die Kiste oder den Reifen beschnüffelt, schließlich wenn er eine Pfote daraufsetzt, dann wenn eine Pfote drinnen ist und schließlich, wenn der Hund ganz hineingestiegen ist. Wer möchte, kann den Hund dann dort auch noch

„Sitz“ und „Platz“ zeigen oder Männchen machen lassen.

– Trecker-Reifen oder Sandkastenreifen sind ebenfalls gut für diese Übung geeignet

– Stabile Hocker oder Baumstümpfe: Super-geeignet für allerlei Denksport-training. Hier kann sich der Hund beispielsweise draufsetzen, eine oder zwei Pfoten darauflegen, den Kopf darauf legen und und und … seien Sie kreativ!

– Skateboards oder Bobbycars, die der Hund anstoßen kann oder auf denen er vielleicht sogar fahren kann, wenn er sich das traut!

– Hürden oder Baumstämme, über die der Hund springen kann.

– Ringe oder Tunnel, durch die der Hund gehen kann.

Schnauzenarbeit

Dinge in die Schnauze zu nehmen, ist eine willkommene Vorübung für das spätere Apportieren und natürlich auch guter Denksport!

Am besten bringen Sie Ihren Hund dazu, indem Sie auch hier jeden einzelnen Schritt belohnen. Lassen Sie Ihrem Hund Zeit. Wenn er sich dem Objekt nähert, wenn er es beschnüffelt und dann in seinen Fang nimmt – clickern und belohnen Sie! Ihr Hund wird schnell merken, was er tun soll!

Einfache „Tricks“ aus dem Alltag:

Viele „Kunststücke“ kann Ihr Hund eigentlich schon, Sie müssen ihm nur mit clickern und belohnen beibringen, es dann auch wieder zu zeigen. Zum Beispiel kann Ihr Hund so gut diese Dinge lernen:

– Verbeugen: Das macht Ihr Hund beim Aufstehen wahrscheinlich sowieso. Also fangen Sie die Übung mit dem Clicker ein!

– Schütteln

– Kratzen: Lustig wird es, wenn Sie dazu das Kommando „Wo sind die Flöhe?“ einführen und andere dies hören!

– Ablecken von Füssen

– Durch die Füße steigen: Die macht Ihr Hund vielleicht beim Aufräumen nach dem Essen, wenn er denkt, er bekommt noch ein paar Essenskrumen ab. Also: Mit dem Clicker einfangen und belohnen!

Das war noch längst nicht alles, wenn Sie die Augen offenhalten, werden Sie erstaunt sein, was so alles möglich ist!

Von Tricks und anderen Kunststücken

Kunststücke sind nicht nur etwas zum Ansehen, sondern Sie sind auch ein prima Denksport für den Hund – auch und besonders für sogenannte „Problemtiere“, denen man so etwas erst einmal vielleicht nicht zutraut. Allerdings sind das nur aus unserer Sicht Kunststücke. Für den Hund sind die Bewegungsabläufe normal, man muss sie nur hervorrufen. Dies sind die Vorteile, wenn man dem Hund „Tricks“ beibringt:

- Bewegung fördert die Gesundheit des Hundes

- Wer es schafft, seinem Hund Tricks beizubringen, hat auch weniger Mühe, ihm vermeintlich im Alltag wichtige Dinge beizubringen: Dass er nicht andere Menschen anspringen soll, nicht vor ein Auto laufen soll etc.

- Trainieren macht müde und verleiht Mut: Durch das Einüben von Tricks werden von Natur aus eher zurückhaltende Hunde mutiger und Hunde mit viel Tatendrang gefördert und müde.

- Es fördert das Zusammenleben zwischen Mensch und Tier und öffnet gleichzeitig die Tür zu anderen Menschen, die sich über die vorgeführten „Tricks“ freuen. Man bekommt so auch als Mensch leichter mit anderen

Menschen in Kontakt und ins Gespräch.

Das Prinzip ist auch hier wie bei den Basis-Übungen immer das gleiche: Das Kunststück wird langsam aufgebaut und bei jedem Teilschritt geklickt und belohnt. Wenn Sie einen Target-Stab verwenden, so kann er immer kleiner werden. Am Ende ist Ihr Daumen dann Ihr Target-Stab und schließlich macht Ihr Hund es allein. So können Sie Ihrem Hund z. B. Tricks wie diese beibringen:

– Verbeugen (was der Hund beim Recken und Strecken sowieso macht)

– Männchen

– Sich auf die Hinterbeine stellen und dann laufen oder sich drehen

– Kriechen

– Springen

Circle oder Twist:

Die Drehung um die eigene Achse können Sie z. B. so üben, dass sich Ihr Hund erst ⅛ dann ¼ usw. um die eigene Achse dreht. Das Ganze üben Sie so lange, bis der Hund eine ganze Drehung ausführen kann. Bedenken Sie, dass Ihr Hund den Trick evtl. kurz neu erlernen muss, wenn er am Anfang statt vor Ihnen plötzlich links oder rechts von Ihnen steht. Aber genau das bedeutet Denksport!

Bislalom:

Hier folgt Ihr Hund am besten zunächst einem Targetstick, der ihm den „Weg" weist. Dann schieben Sie ihn nach und nach immer mehr zusammen oder bedecken ihn mit Ihrem Pullover oder Ihrer Jacke. Als Variante können Sie auch das Rückwärtslaufen trainieren oder sich drehen, sodass Ihr Hund eigentlich nur durch die Beine laufen muss.

Hat Ihr Hund Angst, stellen Sie Ihr Bein erst einmal auf einen Hocker oder Stuhl, sodass der „Tunnel“, durch den der Hund gehen muss, für ihn größer ist. Sie können dann einen immer niedrigeren Hocker benutzen.

Eine „Acht“ zwischen den Beinen:
Hier kann man durch das Beugen des entsprechenden Knies dem Hund begreiflich machen, was er tun soll. Der Hund läuft von rechts vorne durch die Beine nach links hinten und dann von links vorne wieder nach rechts hinten, sodass die Bewegung wie die einer „Acht“ aussieht.

Mit der Pfote können ebenfalls einige „Tricks“ erlernt werden wie etwa:
„Gib Pfötchen“:
Diesen Trick kennen Sie sicher. Sie bringen ihn dem Hund am besten bei, indem Sie Futter in eine geschlossene Hand nehmen und diese vor ihn hinhalten. Irgendwann wird Ihr Hund dann sicher an der Hand kratzen. Dann klicken und belohnen Sie ihn. Nun bleibt die Hand, die Sie Ihrem Hund hinhalten, geschlossen. Ein Futterstück bekommt er aus der anderen Hand, wenn er die geschlossene Hand mit der Pfote berührt. Er lernt nun: Mit den Pfoten zu berühren, lohnt sich!

Als nächsten Schritt nehmen Sie kein Futter mehr in die Hand, die Sie Ihrem Hund hinhalten. Nach und nach öffnen Sie dann Ihre Hand, bis die Pfote die Hand berührt. Beachten Sie aber, dass viele Hunde es nicht mögen, wenn dort nachgeholfen wird. Da der Hund mit dem Trick auch die Gefühle mitlernt, sollten Sie dies lieber unterlassen und stattdessen Ihrem Hund mehr Zeit geben, das richtige Verhalten selbst zu erkunden. Ja, das ist Geduldsarbeit, aber sie lohnt sich!

Wenn Sie möchten, dass Ihr Hund eine spezifische Pfote gibt, müssen Sie dies extra trainieren und zwei Kommandos „Pfote rechts“ bzw. „Pfote links!“ einüben.

Gut ist es, hier eine geballte Faust gegen die Angst einzusetzen. Diese Übung ist nicht nur einfach, sondern führt dann auch zu einer Interaktion, wenn Besuch kommt. Diese kommt dann auch nicht auf die Idee, sofort die Pfote des Hundes zu nehmen, was gerade verängstigte Vierbeiner nicht so gern mögen.

Give me five:

Dies leitet sich vom Pfoten-Geben ab. Sie brauchen hier nur nach und nach die Handposition verändern. Das geht – wenn Sie mehr wollen – natürlich auch mit beiden Pfoten.

Winken:

Dies baut auf „give me five“ auf. Hier wird nur die Hand langsam entfernt, sodass die Pfote ins Leere gehoben wird.

Steppen:

Dieser Trick kann sich sehen lassen! Sie treten auf der Stelle und der Hund hebt dazu passend die linke oder die rechte Pfote.

Üben Sie zuerst das Pfoten-Geben, wenn Sie dabei das Bein gebeugt und angehoben haben. Für Ihren Hund wird das zu Beginn etwas seltsam sein, er kennt Pfötchen-Geben so noch nicht. Wenn der Hund es beherrscht, auf einen Klicken bzw. Schmalzen mit der Zunge zu reagieren, kann das hier praktisch sein, denn es verlangt schon eine gewisse Koordination, so den Clicker zu bedienen.

Halten Sie nun nach und nach Ihre Hand zurück, sodass der Hund merkt: Fuß anheben bedeutet Pfote geben! Richten Sie sich dabei nach und nach wieder auf.

Wenn Ihr Hund dies kann, können Sie ihm auch beibringen, dabei neben ihnen zu stehen. Dazu drehen Sie sich nach und nach immer mehr zur Seite, bis Sie bei der Übung irgendwann neben dem Hund stehen.

Sprung durch einen Reifen oder den Arm:
Beachten Sie dabei, dass nicht jeder Hund so wendig ist. Ein kleiner Hund schafft das sicher besser als ein großer Bernhardiner.

Rückwärts gehen:
Diese Bewegung ist für Hunde doch nicht typisch. Daher drängen Sie ihn nicht zum Rückwärtsgehen, indem Sie schnell auf ihn Zugehen. Denn dies wäre in dem Fall Meidungsverhalten und hilft nicht dabei, dies einzustudieren. Besser ist es zu warten, bis der Hund von selbst mal einen Schritt nach hinten geht, dann zu clickern und zu belohnen. Kann der Hund das Rückwärtsgehen, können Sie beim Clickern auch mal variieren und einmal bei 4, dann bei 2 Rückwärtsschritten clickern.

Bei Fuß gehen:
Das bringen Sie dem Hund am besten mit einem Targetstick bei. Hat er es vorher an der Leine gelernt und reagiert er daher gedrückt, sollten Sie ein anderes Kommando (etwa englisch „Heel“ statt „Fuß“) einführen.

Futter auf der Nase:
Hier bleibt ein Futterstück so lange auf der Nase, bis Sie dem Hund erlauben, es hochzuwerfen und zu fressen. Am besten nehmen Sie erst ein Stück Papier, knäulen es zusammen und zeigen es dem Hund. Lassen Sie ihn ruhig daran schnüffeln, sodass es für ihn kein Anreiz mehr ist. Dann können Sie es

auf die Nase legen. Bleibt es da, clickern und belohnen Sie. Die Zeit wird immer weiter ausgedehnt und schließlich statt Papier Futter verwendet.

Eine prima Haushaltshilfe

Ihr Hund kann nicht nur Zirkustricks, sondern hilft auch im Haushalt! Und das ist im Zweifelsfall nicht nur für Sie eine Hilfe, sondern auch Gehirntraining für den Hund, gerade, wenn er die einzelnen Tätigkeiten immer wieder neu erlernen muss. Sie können dem Hund zum Beispiel beibringen:

• *Türen zu öffnen und zu schließen*: Dies übt man am besten zuerst mit einem Targetstick (etwa eine Bambusstange) bzw. mit einer zu berührenden Fliegenklatsche. Der Hund berührt dies dann mit seinen Pfoten. Mehr und mehr wird die Hand dann zur führenden Kraft. Schließlich wird die Hand dann mehr und mehr zurückgezogen, sodass Ihr Hund immer mehr selbst bewerkstelligen muss, um die Türe dann auch zu öffnen bzw. sie zu schließen. Oder Sie benutzen Klebeband, dass zuerst in mehreren Lagen und dann immer weniger eingesetzt wird, bis der Hund selbstständig die Türklinke berührt. Wer viel Geduld hat, kann es dem Hund auch aus freien Stücken beibringen, wenn Sie zufällig den richtigen Moment erwischen, in dem der Hund von sich aus die Türklinke berührt. Achten Sie am besten gleich am Anfang darauf, dass die Türe richtig geschlossen wird, damit der Hund weiß, wie es richtig aussehen soll.

Mit dem gleichen Prinzip kann der Hund etwa auch lernen, an Ampeln zu drücken, Lichtschalter an- und auszuschalten und und und … sicher fallen Ihnen da noch viel mehr Anwendungsmöglichkeiten im Alltag ein. Praktisch ist es hier, wenn der Hund dies wirklich auch als Hilfe tun soll (etwa bei Menschen mit körperlichen Einschränkungen), ein Hörzeichen dafür einzuführen, damit der Hund gleich weiß, was er zu tun hat.

• *An- und Ausziehen von Socken und anderen Dingen:* Zuerst bringen Sie Ihrem Hund bei, die (schon etwas weite und schlabbrige) Socke in die

Schnauze zu nehmen. Als Nächstes lernt Ihr Hund, die Socke aus Ihrer Hand zu nehmen. Nun ziehen Sie die Socke über Ihre Finger und lassen den Hund langsam die Socken von den Fingern ziehen. Immer weiter wird die Socke über Ihre Finger gezogen, bis Ihr Hund das schließlich verstanden hat und die Socke ganz vom Finger zieht.

So merkt Ihr Hund allmählich, dass er richtig ziehen muss, um an die Socken zu kommen. Dann können Sie mit dem Fuß starten. Zuerst legen Sie die Socken über die Füße, im Anschluss über die Zehen und dann immer weiter in Richtung Ferse. Immer muss Ihr Hund mehr ziehen. Soll Ihr Hund dann die Socke über die Ferse ziehen, können Sie ihm helfen, indem Sie den Fuß gerade halten. Wie immer gilt auch hier bei allen Schritten: Das Clickern zum richtigen Zeitpunkt und die Belohnung nicht vergessen! Schafft Ihr Hund es schließlich, die Socke auszuziehen, dann können Sie einen Befehl für den Hund einführen.

Ziehen können Sie mit dem Hund auch mit Handschuhen oder kleinen Kinderspielzeug-autos und vielem mehr üben, schauen Sie einfach mal nach, was Sie dahaben! Vielleicht wollen Sie Ihrem Hund auch beibringen, Jacken anzuziehen oder Schnürsenkel zu öffnen? Selbst Toilettenpapier kann vom Hund gezogen werden!

• *Das Herbeibringen von Sachen oder das Apportieren:* Auch diese Tätigkeit kann jeder Hund lernen! Um Ihren Hund das Herbeibringen von Dingen zu lehren, „zerlegen" Sie die einzelnen Dinge einfach in verschiedene Untertätigkeiten:

1. Das Ansehen des Zielobjektes.

2. Drehen des Hundekopfes in die Richtung des Zielobjektes.

3. Berühren des Zielobjektes.

4. Die Hundeschnauze berührt das Zielobjekt.

5. Das Objekt wird mit den Zähnen berührt.

6. Die Schnauze umschließt das Zielobjekt.

7. Das Zielobjekt bleibt (für ein paar Sekunden) in der Hundeschnauze.

8. Der Kopf dreht sich in Ihre Richtung, während der Hund das Objekt noch in der Schnauze hat.

9. Der Hund bewegt sich mit dem Zielobjekt in der Schnauze auf Sie zu.

10. Der Hund gibt Ihnen das Zielobjekt.

Am besten starten Sie, indem Sie das Zielobjekt erst einmal in der Hand halten. Es sollte etwas sein, was Ihr Hund sowieso gern mag und mit dem er immer gern spielt.

Manche Hunde lernen es aber auch besser, wenn das Zielobjekt auf dem Boden liegt. Probieren Sie es einfach aus! Denken Sie aber daran, dass jeder neue Gegenstand, den Ihr Hund herbeiholen soll, „Denksport" für Ihren Hund ist und er eventuell einige Schritte neu lernen muss.

Medizinisches Training, durch Clickern erleichtert

Auch das medizinische Training ist für Ihren Hund Denksport, denn er lernt dabei auch neue Abläufe. Nebenbei hilft es auch dabei, dass Ihr Hund die nötige Körperpflege bald mit mehr Gelassenheit trägt und sich sogar darüber freut! Schließlich kann Ihr Hund beispielsweise nach erfolgter Krallenpflege viel besser laufen. Oder eine Zecke wird entfernt und saugt nicht mehr Blut, was dazu führt, dass der Hund an der Stelle nicht mehr kratzen muss.

Wenn Sie dies mit Ihrem Hund trainieren, sollten Sie allerdings ein paar Grundsätze beachten:

• Üben Sie am besten mit Ihrem Hund erst einmal andere Denksportaufgaben, die vielleicht nicht ganz so „ernst" sind. So bekommt Ihr Hund Freude am Üben.

• Am besten ist es, statt dem Clicker beispielsweise auch ein Schnalzen der Zunge einzuführen (ebenfalls Denksport – es ist etwas anderes!). So haben Sie beide Hände frei, wenn Sie beispielsweise bei Ihrem Hund Krallen schneiden wollen (in der einen Hand haben Sie die Krallenschere, in der anderen die Pfote Ihres Hundes).

• Üben Sie dann, wenn Sie Zeit haben, und am besten, bevor es „ernst“ wird, damit Ihr Hund mit der Situation schon vertraut ist.

• Wenn Sie in entspannter Atmosphäre üben, verbindet Ihr Hund gleich viel positivere Dinge mit den notwendigen Körperpflegetätigkeiten oder dem Tierarzt. Er wird nicht mehr so viel Angst haben.

• Besonders dann, wenn Ihr Hund schon einmal schlechte Erfahrungen gemacht hat, sollten Sie die einzelnen Schritte beim Training sehr klein halten. Nur so verliert Ihr Hund die Angst. Manchmal kann es hier auch helfen, die Utensilien zu wechseln, also eine andere Krallenschere oder eine andere Bürste zu benutzen. Es macht selbst schon einen Unterschied, wenn die Farbe anders ist. Der Hund bekommt dadurch das Signal, dass alles sich nun (zum Guten) ändert.

So können Sie mit Ihrem Hund beispielsweise diese Dinge üben:

Ihr Hund lässt sich untersuchen:

Am besten geht das, wenn Ihr Hund zwar aufmerksam, aber nicht allzu aufgewühlt ist, etwa nach einer anderen, angenehmen Trainingseinheit. Auch das Einführen eines Markerwortes wie „Check!“ oder ähnlichen Worten hilft, da Ihr Hund dann eher weiß, was auf ihn zukommt. Nun können Sie starten und Ihren Hund untersuchen:

1. Ihre Hand berührt den ganzen Körper Ihres Hundes, manche Stellen etwas länger. (Manche Hunde bevorzugen es, wenn beide Hände am Körper sind und eine Hand dabei ruhig an einer Stelle gehalten wird)

2. Sie heben ein Ohr

3. Sie heben ein Bein

4. Sie berühren den Hund mit der Hand unter dem Kinn

5. Sie heben die Rute, Sie ziehen die Lefze hoch usw.

Dabei können Sie die Dauer der einzelnen Berührungen langsam steigern. Beim Clickern sollten Sie beachten, dass der Click und die Belohnung wirklich schnell kommen müssen, besonders dann, wenn Ihr Hund Angst und Unruhe zeigt.

Sie gewöhnen Ihren Hund an Spritze und Zeckenzange:
Im Grunde genommen, funktioniert dies wie bei der „Untersuchung“. Nur kommen hier die Instrumente ins Spiel. Am besten ist es, wenn Sie zuerst nicht das richtige Instrument (Die Zeckenzange oder die Spritze) benutzen, sondern einen Kugelschreiber. Lassen Sie Ihren Hund daran schnuppern und clickern und belohnen Sie ihn, wenn er dies tut.

Ihr Hund lernt so, dass Geräte nichts Schlechtes sind. Dann berühren Sie vorsichtig mit dem Kugelschreiber den Körper und streichen Ihrem Vierbeiner auch mal ganz leicht durch das Fell. Dann halten Sie den Kugelschreiber so in der Hand, wie Sie es auch mit einer Zange oder einer Spritze tun würden und bleiben immer für ein paar Sekunden an einer Stelle. Langsam drücken Sie mit dem Kugelschreiber mehr und mehr (die Spritze wird ja auch piken!) bzw. drehen den Kugelschreiber in langsamen Schritten (eine Zecke muss ja mit der Zange herausgezogen werden!).

Kann Ihr Hund das, können Sie dann auch echte Spritzen oder Zangen nehmen. Das alles üben Sie am besten an verschiedenen Stellen, also unterschiedlichen Zimmern oder im Garten. Sie können sich auch einen „Assistenten“ besorgen für das Spritze-Geben oder Herausziehen der Zecke und nur clickern, wenn Ihr Hund es richtig macht.

Das Zähneputzen:

Auch das lernt Ihr Hund spielerisch, indem Sie ihn erst einmal dazu bringen, dass Sie seine Lefzen hochheben. Anschließend berühren Sie immer länger die Zähne und clickern und belohnen, wenn Ihr Hund sich dies gefallen lässt. Nun simulieren Sie Zähneputzen mit Finger und Hundezahnpasta (die ist meist sehr schmackhaft!). Kann Ihr Hund das, können Sie eine Hundezahnbürste oder eine weiche Kinderzahnbürste benutzen.

Die Abnahme von Blut:

Hier bringen Sie dem Hund erst bei, das Bein stillzuhalten, wenn Sie dieses hochheben. Dann üben Sie das Anlegen der Schlinge (erst einmal weit) und das Bewegen der Schlinge am Hundebein. Kann Ihr Hund dies, können Sie die Schlinge immer mehr zuziehen.

Das Krallenschneiden:

Auch hier üben Sie alles immer häppchenweise in kleinen Schritten, die etwa so aussehen könnten:

1. Lassen Sie den Hund die Krallenschere beschnüffeln.

2. Sorgen Sie dafür, dass Ihr Hund die Pfote ruhig hält. Kann Ihr Hund schon die Pfote geben, steigern Sie durch Ihren Clicker oder Ihr Ersatzzeichen langsam diese Dauer.

3. Nun soll der Hund die Pfote nicht zurückziehen, wenn Sie in der einen Hand die Pfote halten und in der anderen die Krallenschere.

4. Nun können Sie die Krallenschere öffnen. Hält Ihr Hund dabei still, clickern und belohnen Sie ihn.

5. Nun können Sie schneiden, aber immer nur ein bisschen. Beachten Sie jedoch, dass Sie erst dann clickern, wenn die Schere wieder offen ist, da Ihr Hund sonst denkt, dass die Übung zu Ende ist.

Der Tierarztbesuch:

Wenn es möglich ist, sollten Sie mit Futter den Tierarzt auch mal aufsuchen, wenn es nicht nötig ist. Verhält sich Ihr Hund dann ruhig, wird geklickt und belohnt.

Das ist nur ein Anriss von all den Dingen, die Sie auch in dem Bereich trainieren können. Es ist aber durchaus Denksport und ergibt Sinn, es in dem Zusammenhang mit dem Hund zu üben.

Das Wichtigste über unsere Vierbeiner

Damit ist mit dem Denksporttraining für den Hund auch gut klappt, ist hier in dem Kapitel noch einmal eine kurze Übersicht für das Wichtigste, das auch Einfluss auf das Gehirntraining hat. Denn wie beim Menschen spielen auch beim Hund äußere Umstände noch eine Rolle.

So braucht Ihr Hund z. B. genügend Erholungszeit zwischen den Denksporteinheiten, gutes Futter und ordentliche Fellpflege etc. All dies hat selbstverständlich auch Einfluss darauf, wie gut Ihr Hund Ihre Denksporteinheiten aufnimmt. Hier sollen jedoch nur die Basics erwähnt werden, die für ein erfolgreiches Denksporttraining wichtig sind.

DIE SPRACHE DER HUNDE

Hundedenksport lebt auch davon, diese zu verstehen. Schließlich ist auch der Mensch darauf angewiesen, sich bei Übungen mitzuteilen. Als Mensch-und-Hund-Gespann ist dies enorm wichtig.

Jeder Hund sendet seinem Besitzer oder seiner Besitzerin sogenannte „Beschwichtigungssignale“, die Konflikte bzw. Missverständnisse in der Kommunikation auflösen sollen. Das war schon bei Wölfen so. Wenn Sie diese kennen, fällt Ihnen auch das Denksporttraining mit Ihrem Vierbeiner leichter und macht gleich viel mehr Freude!

Beschwichtigungssignale, die zeigen sollen, dass der Hund friedlich und ruhig bzw. „bei der Sache“ ist, können sein:

- Den Kopf zur Seite drehen. Dann ist dem Hund die Nähe (vielleicht von dem Helfer) zu viel.

- Wenn der Hund züngelt oder die Nase abschleckt. Natürlich tut er das auch bei Leckereien, aber auch, wenn ihm etwas unangenehm ist – etwa bestimmte, oft unbeholfene Bewegungen.

• Blinzeln oder Zusammenkneifen der Hundeaugen.

• Gähnen

• Sich umdrehen und sich so von einem anderen Hund oder einem Menschen abwenden.

• Bewegung verlangsamen: Hier sieht man besonders deutlich, wie missverständlich manchmal die Kommunikation bei Hunden ist. Ihr Hund soll mitkommen und möchte aber nicht und lieber schnüffeln? Sie haben aber keine Zeit, ihn in Ruhe die Umgebung untersuchen zu lassen, da Sie zur Arbeit müssen? Ihr Hund soll etwas machen und gerät durch Ihr Drängen in innere Unruhe. Darauf reagiert er mit noch langsameren Bewegungen, denn er möchte sagen: „Alles gut, sei mal gemütlicher". Für ein Hirnjogging-Training ist das natürlich nicht erwünscht.

• Ruhig hinsetzen oder hinlegen: Einen gestressten Hund werden Sie daher nicht zu Aktivitäten begeistern können.

• Schnüffeln, auch das beruhigt und lenkt den Hund ab. Daher sollten Sie es bei Spaziergängen auch nicht abrupt unterbrechen, sondern mit dem Hund ein Markersignal einüben, bei dem er dann immer aufhören soll.

• Das Heben der Pfote, wohl unbewusst, um andere auf Abstand zu halten.

• Einen Bogen laufen: Wundern Sie sich also nicht, wenn Ihr Hund neue Spielzeuge erst einmal beschnuppert und darum einen Bogen läuft. Dann funktioniert das Denksporttraining damit umso besser.

• Splitten: Sind mehrere Hunde bei der Übung, kann es sein, dass sich ein Hund (oft der älteste) dazwischen stellt, um die Situation zu lockern.

• Der Vorderkörper ist tief gebeugt.

• Pinkeln.

Wenn Sie selbst die Situation bei Übungen „entschärfen“ wollen, können Sie auch einiges dafür tun.

• Gehen Sie nicht direkt auf den Hund zu und schauen Sie ihm dabei nicht in die Augen, sondern gehen Sie einen Umweg und lassen Sie zu, dass der Hund sich erst einmal an die Übungssituation gewöhnt. Das können Sie auch in Alltagssituationen machen, wenn Ihr Hund anderen zu nahe kommt: Gehen Sie dann im Bogen auf ihn zu.

• Auch Futter kann dem Hund helfen, sich wohler in der Situation zu fühlen und zu deeskalieren.

Hier gibt es selbstverständlich noch mehr, was Sie tun können, aber hier soll es um Hundegehirnjogging gehen.

Das nächste Thema, was auch zumindest etwas mit Denksporttraining zu tun hat, ist die allgemeine Gesundheit Ihres Vierbeiners.

DIE GESUNDHEIT UNSERER HUNDE

Hundehalter und Hundehalterinnen sind natürlich daran interessiert, dass es Ihrem Liebling gut geht. Denksporttraining trägt dazu bei.

Futter

Die richtige Fütterung ist da auch immer ein wichtiger Punkt. Dazu gibt es jedoch spezielle Bücher. Hier soll nur auf die Basics aufmerksam gemacht werden, auf die man beim Hundedenksport achten sollte:

• Fertigfutter ist in der Regel ausgewogen und hat in der Regel eine gute Zusammensetzung der Nährstoffe – vorausgesetzt, Ihr Hund braucht keine spezielle Diät. Allerdings bestimmen Sie dort nicht die Zusammensetzung, können sich jedoch über die Etikettierung informieren. Das ist besonders wichtig, wenn beim Denksport eine ganze Mahlzeit verfüttert wird. Teures

Futter ist nicht immer das beste Futter.

• Fertigfutter sollte als „Alleinfuttermittel“ ausgezeichnet sein.

• Fleisch sollte bei Hunden der wichtigste Bestandteil sein. Da Inhaltsstoffe auf der Verpackung nach Gewicht aufgelistet sind, sollte Fleisch hier bei Hundefutter an erster Stelle stehen. Aber auch da gibt es Unterschiede!

– Rindfleisch ist reines Fleisch, jedoch mit Wasser und Fett

– Rindfleischmehl ist Rindfleisch, dem das Wasser entzogen wurde

– Rind ist alles vom Rind, also leider in der Regel wenig Fleisch, sondern oft Abfälle vom Schlachten.

– Rindermehl ist alles vom Rind, das getrocknet wurde, also ebenfalls Abfälle.

– Fleisch und tierische Nebenerzeugnisse bedeutet alles aus der Verwertung der Tierkörper. Es ist also auch kein hochwertiges Fleisch.

– Hochwertige Inhaltsstoffe werden meist auch genau aufgelistet und nicht unter dem Begriff „Fleisch“ zusammengefasst.

• Besonders, wenn Sie Ihrem Hund das Futter auch als Belohnung servieren, sollte es ihm natürlich auch munden!

• Selbst Gekochtes für Hunde hat den Vorteil, dass Sie selbst die Zutaten bestimmen können. Sind gefährdete Personen (ältere Menschen, Kinder, Kranke ...) im Haushalt sollte das Fleisch für den Hund immer gekocht werden. Insgesamt gesehen ist es auch sehr zeitaufwendig und die einzelnen Komponenten sollten vorher genau ausgerechnet werden, wenn das Futter ausgewogen sein soll.

• Für den Hundedenksport ist es auch besonders wichtig, wie genau das Futter verabreicht wird. Das wurde hier im Buch schon angesprochen. Lassen Sie Ihren Hund hier ruhig sein Futter erarbeiten, z. B. durch Schnüffeln, Auspacken von Futterpaketen usw.

Geschirr und Leine

Gerade auch für den Hundedenksport ist das richtige Geschirr wichtig. Hier erweist sich Brustgeschirr als der bessere Begleiter, denn es engt Hunde nicht ein und tut auch nicht so weh, wenn daran gezogen wird. Bedenken Sie, dass der Hals Ihres Hundes genauso empfindlich ist wie unser menschlicher Hals.

Am Brustgeschirr können Sie Ihren Hund zudem auch besser lenken, was gerade bei Denksportübungen am Anfang wichtig ist.

Das Brustgeschirr sollte nicht scheuern und weich sein. Es sollte den Hund auch nicht in seiner Bewegungsfreiheit einschränken, besonders im Schulterbereich. Es sollte etwa eine Handbreit hinter dem Ellenbogen sitzen und nicht in die Achselhöhlen schneiden. Es sollte außerdem in der Maschine zu waschen sein und der Hund sollte möglichst nicht „einsteigen“ müssen, was am besten mit zwei Reißverschlüssen geht.

Wenn Sie eine Leine benutzen (wenn der Hund noch nicht so hört oder sein Verhalten nicht in allen Situationen berechenbar ist) oder auch benutzen müssen, weil z. B. Leinenpflicht besteht, sollten Sie auch ein paar Grundsätze beachten, damit sich Ihr Hund noch besser fühlt:

- Benutzen Sie nicht einen zu großen Druck an der Leine, denn das stresst Ihren Hund und tut ihm weh. Oft wurde dies als Erziehungsmittel angesehen, um Hunde zu bändigen, aber es ist nicht gut für den Hund und auch nicht für den Hundedenksport.

- Bedenken Sie, dass am Ende der Leine ein Familienmitglied und ein Lebewesen mit Bedürfnissen ist, schauen Sie bei Spaziergängen also nach Ihrem Hund und „schleifen“ Sie ihn nicht an der Leine hinter sich her. Kein Mensch meint es böse, wenn der Hund hinterhergeschliffen wird, aber der Besitzer oder die Besitzerin denken oft einfach nicht genug darüber nach.

- Ziehen Sie möglichst nicht an der Leine, sondern führen Sie Ihren Hund über Ihre Hand oder Ihre Stimme, wie Sie es auch bei den Übungen immer tun sollten. Wenn der Hund lernt, dass Sie in der Hand eine Belohnung haben, folgt er Ihnen sicher gern.

• Lassen Sie Ihrem Hund die Zeit, die er benötigt, um seine Umgebung zu erkunden. Das macht ihn einfach glücklich. Wenn er wirklich kommen soll, dann proben Sie ein Signal mit dem Hund.

• Passen Sie Ihr Tempo dem Ihres Hundes an. Denn er ist vielleicht nicht ohne Grund langsamer. Vielleicht ist er verletzt, vielleicht schon etwas betagt oder es ist einfach alles neu für ihn und er muss alles erst einmal erschnüffeln. Wenn es schnell gehen soll oder Sie joggen gehen wollen, sollten Sie Ihren Hund zu Hause lassen, das ist auch nicht ideal für Hundegehirnjogging.

• Sollte es doch mal nötig sein, dass Sie Ihren Hund unterbrechen und wegziehen müssen, dann sagen Sie dies dem Hund durch ein Signalwort wie etwa „Ziehen". Der Hund weiß dann schon, was kommt, und erschreckt nicht mehr so.

Beschwerden

Wichtig für die Hundegesundheit ist es auch, dass der Hund keine Schmerzen hat. Leider können sich Hunde nicht so artikulieren wie Menschen und wenn Sie Beschwerden wie etwa Hinken bemerken, sind sie meist schon sehr fortgeschritten.

Daher nutzen Sie Ihr Denksporttraining mit dem Hund am besten auch dazu, ihn genau zu beobachten. Schauen Sie, ob Sie am Körper Ihres Hundes Zecken, Schrammen, Beulen oder andere schmerzhafte Stellen entdecken, wie die Zähne Ihres Hundes aussehen und schauen Sie ab und an mal unter die Ohren. Bei älteren Hunden können Sie einmal im Jahr das Blut untersuchen lassen, um versteckte Krankheiten zu finden. Grundsätzlich sollten Sie darauf achten, wenn Sie mit Ihrem Hund Denksporttraining machen:

• Benimmt sich Ihr Hund plötzlich anders und hört er plötzlich nicht mehr so gut? Dann steckt da vielleicht ein gesundheitliches Problem dahinter!

• Kratzt sich Ihr Hund oft grundlos an der gleichen Stelle?

- Steht der Hund nicht mehr so gern auf und ist er nicht mehr so aktiv?
- Jault er manchmal auf?
- Frisst er schlechter und wirkt das Leckerli nicht mehr so anziehend? Auch Hunde haben Zahnweh!
- Läuft Ihr Hund plötzlich anders?
- Frisst Ihr Hund weniger und nimmt er ab?
- Ist sein Fell ohne Glanz und struppiger?

Pflege

Für die Zahngesundheit Ihres Vierbeiners können Sie beim Denksporttraining auch etwas tun. Denn Zahnweh tut Hunden mindestens ebenso weh wie uns Menschen, das sollten Sie immer im Auge behalten und das Gebiss auch jedes Jahr einmal vom Tierarzt abchecken lassen. Genaue Zahnpflegeanleitungen finden Sie sehr leicht in vielen Büchern. Für Denkspiele ist wichtig, dass Sie mit Tragespielen (z. B. Dummys), Kauspielen oder Spielzeugen auch viel für die Zahngesundheit Ihres Vierbeiners tun können. Sie können – wenn möglich – Ihrem Hund auch größere Futterstücke geben, die er zerkauen muss. Krallenpflege und regelmäßige Tierarztbesuche sind für die Gesundheit Ihres Hundes natürlich auch wichtig, aber das ist ein anderes Thema. Sie können aber z. B. auch einen mit Futter gefällten Gitterball mit zum Tierarzt nehmen, damit Ihr Hund dort etwas Denksport machen kann. Sie sehen: Überall lässt sich das Training leicht integrieren. Über das Ruhebedürfnis haben wir auch hier schon an anderer Stelle gesprochen. Je aktiver Sie mit Ihrem Hund Denksport betreiben, umso größer wird es dann auch sein (bis zu 20 Stunden am Tag!)

Sonstiges

Beim Denksporttraining sollten Sie auch immer bedenken, dass die Sinne bei Hunden ausgeprägter sind. Ein Hund hört also auch Dinge um einiges lauter. Damit Ihr Hund beim Denksport konzentrierter ist, schenken oder stricken

Sie ihm doch ein Täschchen, das um die lauten Adressanhänger und Steuermarken gelegt werden kann. Dann kann sich der Hund auch besser auf den Denksport konzentrieren.

Wenn Sie draußen Denksportspiele machen, achten Sie auch auf die Witterung. Im Sommer können Sie beispielsweise auch einmal (gute eingepackte) Futterstück-Päckchen aus dem Wasser fischen lassen. Bei hohen Temperaturen sind Hunde viel anfälliger. Ihre Übungen können Sie – falls möglich – im Sommer auch mal in den Keller verlegen. Als Denksportaufgaben an Hitzetagen sind dann eher Schnüffelarbeit-Übungen angesagt und nicht zu sehr sportliche Betätigung. Eiswürfel in die Denksportspiele einzubauen, kommt im Sommer auch sehr gut an!

Verlagern Sie den Denksport an heißen Tagen auch lieber auf die frühen Morgenstunden oder üben Sie mit dem Hund abends, wenn es draußen nicht mehr so warm ist. Der nächste Abschnitt zeigt Ihnen, wie Denksport auch helfen kann, Probleme im Miteinander mit Hunden zu lösen, sei es unter Artgenossen oder im Zusammentreffen mit anderen Menschen.

PROBLEME MIT HUNDEN UND WIE MAN SIE AUCH DURCH DENKSPORT VERBESSERN KANN

Dieser Ratgeber ist kein Buch über Verhaltenstraining, dennoch soll hier nicht unerwähnt bleiben, wie Denksporttraining auch hier günstig sein kann.

Wenn Sie Ihrem Hund Kontakte mit Artgenossen ermöglichen wollen, dann trainieren Sie am besten doch mit Ihrem Hund zusammen die grauen Zellen. Besonders am Anfang sollte dann aber jeder Hund eine Aufgabe bekommen und Sie sollten eher die „ruhigen“ Denksportaufgaben wie etwa Schnüffelaufgaben wählen. Ihr Hund lernt so auch spielerisch noch den besseren Umgang mit anderen Hunden.

Bedenken Sie, dass Ihr Hund auch beim Denksport Angst haben kann. Das zeigt sich beispielsweise in aufgerissenen Augen (wie beim Menschen!), einem langen, nach hinten gezogenen Mundwinkel und nach hinten gezogenen Ohren. Auch ist die Rutenwurzel angelegt und die Körperhaltung ist angespannt. Denksportspiele können dazu beitragen, dass die Angst Ihres Hundes nachlässt. Hier ein paar Regeln zur Angst bei Denksportspielen:

- Wenn Ihr Hund zu etwas nicht bereit ist, sollten Sie es ernst nehmen und es ihn auch nicht machen lassen, da er sonst davor noch mehr Angst bekommen würde. Alle Denksportaufgaben – wie schon erwähnt – sind freiwillig!

- Überfordern Sie Ihren Hund beim Denksporttraining nicht und verlangen Sie nicht zu viel, denn das kann auch zu Angst führen. Wenn Ihrem Hund etwas Angst macht, lassen Sie es bzw. leiten Sie Ihren Hund nach und nach und Schritt für Schritt dazu an!

- Bieten Sie bei den Übungen Ihrem Hund eine möglichst entspannte Atmosphäre und lassen Sie ihm genug Zeit.

- Wenn Ihr Hund vor einer Übung Angst hat, können Sie versuchen, ihm mit Belohnungen die Angst zu nehmen. Auch wir essen ja z. B. zur Ablenkung mehr, wenn wir Angst und Sorgen haben.

Ein Kessel Buntes

Hier gibt es viele tolle und nützliche Anregungen für das tägliche Denksporttraining! Wie genau das Training dann verläuft, sollte Ihr Hund bestimmen.

DENKSPORTTRAINING DURCH SPEZIELLE THEMEN UND BEI BESONDEREN ANLÄSSEN

Gerade bei besonderen Anlässen wie etwa Weihnachten können Sie Denksport mit besonderen Belohnungen verknüpfen, Sie werden erstaunen, wie konzentriert Ihr Hund dann bei der Sache ist. Diese Übungen können Sie selbstverständlich auch zu anderen Zeiten mit Ihrem Hund trainieren und wiederholen.

DER TRAININGSKALENDER FÜR DIE ADVENTSZEIT

Nicht nur wir Menschen mögen Weihnachten und freuen uns in jedem Jahr darauf. Auch der vierbeinige Liebling soll daran teilhaben und die Adventszeit genießen können. Natürlich gibt es im Handel viele verschiedene Hundekalender zu kaufen, die auch nicht schlecht sind. Schließlich freut sich auch jeder Hund in der Adventszeit über einen leckeren Extra-Happen oder ein besonders schönes Spielzeug.

Noch schöner sind jedoch selbst gemachte Adventskalender, die sogar zum Denksport dienen können. Ähnliche „Überraschungen“ können Sie auch zum Beispiel am Geburtstag Ihres Hundes oder zu Ostern basteln usw.

Hier sind einmal ein paar schöne, kreative Ideen für einen gelungenen Hunde-Adventskalender:

Der Leckerli- (und Spielzeug-) Kalender, der zum Denksport anregt:

Sie benötigen für den Kalender:

– 24 Papprollen von Küchenrolle oder Toilettenpapier. Alternativ, oder wenn Sie die Rollen nicht so lange sammeln möchten, besorgen Sie sich Tüten für Butterbrot, Packpapier oder kleinere Kartons.

Bereiten Sie dann 24 Überraschungen für den Hund vor. Dies können kleine Spielzeuge oder Leckerli sein. Ein Halsband wäre zwar auch schön, würde aber eher den Besitzer/ die Besitzerin freuen als den Hund selbst. Bei dem Leckerli sollten Sie, wie schon erwähnt, unbedingt darauf achten, dass diese mindestens 24 Tage haltbar sind und diese auch nach 24 Tagen dem Hund noch gut schmecken.

Packen Sie alles in einen größeren Karton, wo auch der Kopf des Hundes noch durchkommen kann, damit sich der Hund jeden Tag eine neue Überraschung aussuchen bzw. erschnüffeln kann. Wenn der Hund die Überraschung dann auspacken muss, fordert ihn das und man betreibt gleichzeitig noch Denksport mit dem Hund.

Nun beginnt das Advents-Abenteuer für den Hund: Füllen Sie nun die Überraschungen in die Papprollen. Dabei falten Sie die Enden nach innen, damit eine kleine Schachtel entsteht, die der Hund dann öffnet. Alternativ nehmen Sie eine Schachtel, die der Hund öffnen muss, wenn er die Überraschung haben möchte.

Die Päckchen kommen nun alle in die hohe Kiste. Sie können es auch noch dekorativ schmücken oder bemalen, dann schaut der Kalender für den Hund noch schöner aus.

Der Hund sollte – wenn möglich – jeden Tag selbst aussuchen dürfen, welches Päckchen er öffnen möchte. Daher sind Nummern auf den Schachteln eigentlich nur zur Dekoration bestimmt.

Bewahren Sie den Karton mit den Überraschungen so auf, dass der Hund selbstständig nicht an die Überraschung kommt und sich bedienen kann. Schließlich soll der Kalender die ganze Adventszeit lang halten und der Hund jeden Tag seine Überraschung bekommen.

Der Hund kann sich nun jeden Tag eine Überraschung aussuchen (unabhängig von den Zahlen) und diese selbstständig „auspacken". Sie werden erstaunt sein, wie sich Ihr Liebling darüber freut! Sie sehen: Mit einfachen Mitteln und nur wenig Zeit haben Sie hier einen prima dekorativen Kalender für Ihren Liebling geschaffen.

Eine Variante des Adventskalenders können Sie auch mit Kaffeebechern herstellen, die Sie wie Marmelade verschließen und bei denen der Hund auch die Leckereien aus dem Becher holen muss. Wer möchte, kann die Becher richtig schön bemalen und sie so zu einem richtigen Hingucker machen. Der Kreativität ist hier keine Grenze gesetzt:

Hierfür benötigen Sie nur diese Dinge:

- Pappbecher
- Gummiringe
- Seidenpapier
- Wolle
- Hundesnacks
- Pappe, aus der Kreise herausgeschnitten werden kann und auf die man Pfoten aufmalen kann oder alternativ Bilder mit Pfoten aufkleben kann.

Hergestellt wird der Kalender wie folgt: In 24 Pappbecher (Kaffeebecher) stechen Sie mit einer Schere oder einem spitzen Gegenstand ein kleineres Loch am Boden.

Durch das Loch ziehen Sie einen Faden aus Wolle. Um die Becher in verschiedenen Längen aufzuhängen, sollte der Faden hier lang genug sein.

Innen im Becher verknoten Sie dann den Faden mit einer Bügelperle. So kann der Faden nicht mehr durch das Loch hindurch zurückrutschen.

Aus dem Seidenpapier schneiden Sie dann Quadrate, sodass diese über den Becher passen.

Den Becher füllen Sie nun mit Leckerli.

Legen Sie ein Quadrat Seidenpapier auf die Öffnung des Bechers und verschließen Sie den Becher dann mit jeweils einem der Gummiringe.

Kleben Sie nun die Adventskalender-Zahlen darauf oder schreiben Sie diese auf den Becher. Achten Sie dabei darauf, die Zahlen auf Kopf zu kleben oder die Becher beim Schreiben umzudrehen, da die Becher später aufgehängt werden sollen.

Die Becher werden nun in verschiedenen Höhen aufgehängt. Dazu eignen sich beispielsweise Kleiderbügel, Stöcke oder auch Metallringe usw.

Zum Schluss kann man noch ausgedruckte Motive auf die Becher kleben oder diese anmalen – fertig ist der dekorative Kalender!

Ein Hundespiel-Mitmach-Adventskalender, der viel Spaß verspricht und Ihren Hund kreativ beschäftigt – Hilfsmittel Stuhl

Dieser Kalender verspricht viel Spaß für jeden Tag im Dezember und kann auch gern an andere Hundehalter als kleine Anregung zum Denksporttraining weitergegeben werden! Hier geht es um das Mitmachen und das tägliche Denksporttraining! Alles dreht sich hierbei um den Stuhl als Möbelstück, den man vielfältig für diesen Adventskalender nutzen kann. Achten Sie, wenn möglich, immer darauf, dass alles für den Hund auch sicher ist und keine Gefahr für den Hund besteht. Die Stühle sollten Sie immer gut sichern oder festhalten und darauf achten, dass sich Ihr Hund nicht erschreckt oder er steckenbleibt und sich verletzt. Nötigenfalls halten Sie den Stuhl mit der Hand fest.

Bedenken Sie: Für Ihren Hund bedeuten alle neuen Spiele Denksport, selbst wenn sich nur ein bisschen im Detail ändert. Das ist vielleicht im Alltag oft nicht leicht, aber besonders gut für den Denksport mit Ihrem Hund. Natürlich können Sie die Übungen auch an anderen Tagen durchführen und es muss auch nicht als Adventskalender genutzt werden, ist aber sehr schön!

Wichtig für diese Übungen zum Hundedenksport sind folgende Hinweise:

- Denken Sie immer daran, dass kein Stuhl wie der andere ist und auch Hunde sind nicht gleich. Es gibt vorsichtige Hunde und Hunde, die den Stuhl sofort umrennen würden.

- Daher achten Sie immer darauf, dass Sie den Stuhl sicher aufstellen, damit er den Hund nicht verletzen kann. Halten Sie den Stuhl fest, wenn es nötig ist! Ob im Haus oder im Garten – ein Stuhl verspricht viel Denksport-Spaß für den Hund und auch den Halter oder die Halterung.

➢ *Tag 1: Der Stuhl zum Schnüffeln*
Diese Übung ist für jeden Hund geeignet, denn jede Hundenase schnüffelt gern.

– Suchen Sie sich für diese Übung einen Stuhl aus, der besonders stabil ist und auch viel Platz für Futterverstecke bietet. Besonders eignen sich dazu z. B. Korbstühle.

– Lassen Sie Ihren Hund in einem anderen Raum warten und verstecken Sie nun die Futterstücke überall am Stuhl. Sie können dazu ruhig alle möglichen Verstecke nutzen, beispielsweise in der Stuhllehne oder die Stuhlbeine. Sie können den Stuhl dabei zur Abwechslung auch mal querstellen.

– Nun darf der Hund suchen. Eine erfahrene Hundenase findet die Futterstücke sicher schnell!

➢ *Tag 2: Frohe Fitness mit Hund!*
Besonders im Homeoffice ist diese Übung eine willkommene Abwechslung und sie sorgt für viel Action, insbesondere bei Ihrem Hund!

– Stellen Sie den Stuhl am besten in eine Ecke, wo genug Platz ist, auch um den Stuhl herum. Sorgen Sie auch dafür, dass Sie genug Futter für Ihren Hund haben, das sie am besten in eine Futtertasche packen.

– Setzen Sie sich nun auf den Stuhl und versuchen Sie, Ihren Hund dazu zu bringen, viele unterschiedliche Positionen einzunehmen. Der Hund kann zum Beispiel den Stuhl rechts- oder linksherum umkreisen oder auch um die einzelnen Stuhlbeine laufen. Er kann z. B. auch unter dem Stuhl von allen Seiten herlaufen oder sich vor bzw. unter den Stuhl legen. Oder Sie weisen den Hund an, seine Pfoten auf Ihre Oberschenkel zu legen oder zwischen den Stuhlbeinen und Ihren Beinen durchzulaufen.

– Auch für den Hund altbekannte Aufforderungen wie „Platz“ und „Sitz“ werden Ihren Hund fordern, wenn Sie diese ungewohnt aus dem Sitzen hergeben. Setzt oder legt sich Ihr Hund dann auch vor oder neben Sie?

– Wenn es noch ungewohnt für Sie ist, können Sie sich einfach in Gedanken ausmalen, dass Ihre Hand wie ein Magnet wirkt und Sie Ihren Hund damit lenken, indem Sie ihm Futter aus der Hand geben.

Belohnungen dürfen Sie dabei auch nicht vergessen.

➢ *Tag 3: Ein Spielautomat für Ihren Hund!*

Vielleicht kennen Sie schon das Flaschendrehen-Spiel, aber hier können Sie es mit Ihrem Hund in einer ganz neuen Variante trainieren und gleichzeitig mit ihm Gehirnjogging betreiben.

– Für diese Übung benötigen Sie einen Stuhl, den Sie auch einmal umdrehen können. Außerdem benötigen Sie zwei Stangen, auf denen Dinge aufgehängt sind (z. B.: Becher oder Eimer am Henkel, Flaschen) und pro Stange zwei Gummis (am besten Gummis zum Einmachen).

– Wenn der Hund das Drehen noch nicht gewohnt ist, üben Sie es erst einmal so, indem Sie den Hund mit Ihrer Hand und Futterstücken in den aufgehängten Behältnissen dazu bringen, die Gegenstände (Becher, Eimer oder Flaschen) zu drehen.

– Wenn Ihr Hund dies dann schafft, können Sie die Stangen mit Gummis an den Stuhlbeinen befestigen. Je nachdem, wie groß der Hund ist, können Sie da auch mit der Höhe variieren. Auch, ob Sie den Stuhl normal aufstellen oder umdrehen, ist Ihnen überlassen, Hauptsache Ihr Hund kann die Gegenstände an der Stange gut drehen.

– Nun geben Sie Futterstücke in den Eimer, den Becher oder die Flasche – je nachdem, was Sie hier verwenden möchten.

➢ *Tag 4: Der Elefantentrick!*

Diesen Trick kennt jeder schon aus dem Zirkus und er wird weiter unten auch noch einmal mit einem Eimer eingeübt werden. Hierbei lernt Ihr Hund, dass er auch die Hinterbeine gut benutzen kann.

– Am besten benutzen Sie für diesen Trick einen standfesten Hocker, auf den der Hund auch seine Vorderpfoten draufsetzen kann, ohne gleich abzurutschen. Dazu benötigen Sie noch einige Leckerli und eventuell einen Clicker und ein Wort, was Ihr Hund schon kennt wie etwa „Super gemacht"!

– Zuerst bringen Sie dem Hund bei, erst einmal eine, dann beide Pfoten auf den Hocker zu stellen. Immer, wenn sich Ihr Hund dazu für das Podest interessiert, klicken Sie oder geben ihm eine Belohnung. Wenn er dann erst ein, dann beide Vorderpfoten darauf setzt, machen Sie es ebenso.

– Wenn es mit dem Hocker noch nicht gleich funktionieren sollte, können Sie auch erst einmal ein Kissen oder eine gefaltete Wolldecke zum Training benutzen und dann zwei Kissen, bevor Sie mit dem Hocker weitermachen.

– Wenn dies klappt, können Sie dann ein Kommando einführen wie etwa „auf!" oder „Hoch!". Jackpot: Ihr Hund kann nun schon einen großartigen Teiltrick, den er später dann auch bei Spaziergängen z. B. an einem Baumstamm ausführen kann.

– Nun bringen Sie Ihrem Hund bei, dass sich die Hinterbeine bei dem Trick drehen sollen. Dazu bewegen Sie Ihren Hund erst einmal dazu, auf dem Podest zu bleiben, indem Sie ihn reichlich füttern, wenn seine Vorderpfoten auf dem Podest stehen.

– Nun stellen Sie sich gegenüber dem Hund auf und geben ihm das Kommando „oben bleiben". Gehen Sie nun einen Schritt weiter zur Seite und schauen Sie, ob sich Ihr Hund mit Ihnen dreht, damit er das Futter nicht aus den Augen verliert. Bewegen sich seine Hinterbeine, clickern Sie und er bekommt eine Belohnung. Ist Ihr Hund mit einem Targetstick vertraut, so können Sie ihn auch damit dazu bringen, sich seitwärts mitzudrehen. Auch hier bekommt Ihr Hund eine kleine Belohnung, auch wenn er nur kleine Schritte zur Seite macht.

– Arbeiten Sie sich hierbei Schritt für Schritt vor, Ihr Hund wird den Trick nicht sofort verstehen. Erst wird er mit den Hinterbeinen einen, dann zwei Schritte mitgehen, dann einen Viertel-, dann einen Halbkreis und schließlich einen ganzen Kreis. Einfacher ist es hierbei, wenn Sie erst einmal bei einer Drehrichtung bleiben. Wenn Sie aber besonderen Wert darauf legen, die Beweglichkeit Ihres Hundes zu trainieren, können Sie auch beide Richtungen trainieren.

– Am Ende können Sie eigene Ihre Bewegung immer mehr zurücknehmen, sodass sich Ihr Hund fast von allein dreht. Dafür können Sie dann auch ein neues Kommando wie etwa „Elefant“ einführen.

➢ *Tag 5: Eine Girlande aus Toilettenpapierrollen!*

Hier soll der Hund unter den Stuhl kriechen, um die Futterstücke aus den Toilettenpapierrollen zu holen – bestimmt eine kleine Mutprobe für Ihren Hund!

– Benutzen Sie für diese Übung einen Stuhl, der Querverstrebungen besitzt, auf denen Sie die Girlande mit den Rollen aufhängen können. Sie benötigen außerdem eine Schnur, eine Kordel oder ein dünnes Seil und mehrere Toilettenpapierrollen, außerdem Futterstücke und Packpapier.

– Präparieren Sie nun die Girlande. Ist Ihr Hund das nicht gewohnt oder von Natur aus schüchtern, legen Sie die Futterstücke zuerst locker in die Rollen. Später können Sie dann das Packpapier dazu stecken, damit die Futterstücke nicht so schnell aus den Rollen fallen. Nun lassen Sie den Hund das Futter finden.

– Wenn Sie mögen, können Sie die Girlande auch zwischen zwei oder mehreren Stühlen spannen, sodass der Hund unter mehrere Stühle tauchen muss.

➢ *Tag 6: Stuhl mit Klorollen-Manschetten!*
Toilettenpapierrollen eignen sich tatsächlich supergut für Denksportaufgaben für Ihren Hund!

– Für die Übung benutzen Sie am besten auch wieder einen Stuhl mit Querverstrebungen. Außerdem benötigen Sie Toilettenpapierrollen, Packpapier und Futterbröckchen.

– Die Rollen aus Toilettenpapier schneiden Sie längs auf. Nun geben Sie mindestens ein Futterstück in jede Rolle und legen Packpapier dazu, damit das Futter nicht gar zu schnell aus den Rollen fällt.

– Nun klemmen Sie die Rollen dann an den Stuhl, entweder an die Lehne, die Querverstrebungen oder ein Stuhlbein.

– Nun lassen Sie den Hund nach den Futterstückchen in den Rollen suchen.

➢ *Tag 7: Denksport mit Klappstuhl!*
Ein alter Klappstuhl wird hier zum Denksport-Hilfsgerät!

– Legen Sie für diese Übung den Klappstuhl „auf den Rücken" zwischen sich und den Hund. Der Stuhl wird vorsichtig festgehalten. Die Lehne und die Oberfläche zeigen dabei zu Ihnen, die Beine des Klappstuhls zum Hund.

– Während der Hund wartet, legen Sie nun ein Futterstück genauso hinter die Sitzfläche auf den Boden, dass es vom Hund nicht gesehen werden kann. Da die Stuhlbeine direkt zum Hund zeigen, ist es nicht direkt erreichbar. Nun soll der Hund das Futter suchen. Schafft er es? Wird er einmal um den Stuhl gehen, um das Futter zu holen?

– Schwieriger wird die Übung noch, wenn Sie ein Tuch über den Stuhl decken. Zuerst nur so, dass ein Tunnel entsteht, bei dem der Hund seitlich nach dem Futter greifen kann. Dann wird das Tuch ganz über den Stuhl gelegt.

➢ *Tag 8: Der Ständer mit „Wäsche“!*

Wie sieht eine zwischen zwei Stühlen gespannte Leine aus? Richtig, wie ein Wäscheständer! Hiermit darf Ihr Hund bei dieser Übung spielen.

– Für diese Übung sind zwei feststehende Stühle mit genügend Stabilität nötig, außerdem eine Leine, einige Futterstücke und Dinge, die Sie an diese Leine spannen können. Dies können z. B. Messbecher, Toilettenpapierrollen, durchlöcherte Pylonen oder Gitterbälle sein.

– Spannen Sie die Leine so zwischen die Stühle, dass der Hund ohne große Probleme drankommt. Er sollte sich nicht auf die Hinterbeine stellen müssen.

– Spannen Sie nun die Gegenstände an die Leine. Umso geübter Ihr Hund ist, desto fester wickeln Sie das Papier um die Futterstücke, die Sie dann in die Gegenstände legen. Es wird Ihren Hund dann mehr fordern.

– Bevor Sie Ihren Hund ans Werk gehen lassen, stellen Sie sicher, dass die Stühle nicht umfallen, indem Sie beide Stühle festhalten oder Sie eine andere Person bitten, den zweiten Stuhl festzuhalten. Dann kann der Hund kommen und den „Wäscheständer“ untersuchen.

➢ *Tag 9: Kreativität ist angesagt – wie Sie Spiele erfinden!*

Erleben Sie nun, dass es gar nicht so schwer ist, sich ein Denksportspiel für Ihren Hund auszudenken.

– Nehmen Sie einmal einen Zettel und einen Stift zur Hand und schreiben Sie auf, was man mit einem Gegenstand wie einem Stuhl alles machen kann!

– Überlegen Sie sich nun Spiele in den verschiedenen Denksportbereichen wie

o Knobelspiele, bei denen Ihr Hund mit der Pfote oder der Schnauze erkunden muss, wie er an Futter oder sein Lieblingsspielzeug kommt.

o Arbeit mit der Schnauze wie Schreddern, Kauen, Nagen, Schlecken und

Auspacken.

o Schnüffelspiele.

o Hundeturnen und Gymnastik.

o Trickübungen wie etwa das „Elefantenpodest“, was hier schon vorgestellt wurde.

– Schauen Sie sich nun die Form des Gegenstandes, z. B. einen Gitterball, an und überlegen Sie sich, wo und wie man dort Futter für den Hund verstecken könnte. Bringen Sie den Gegenstand dabei in unterschiedliche Lagen und überlegen Sie auch, wie man den Gegenstand mit anderen Gegenständen wie einem Eimer oder etwas anderem kombinieren könnte. Vielleicht kann man ihn mit einer Stange oder einem Seil aushängen oder mit Packpapier zum Auspacken einwickeln?

– Bedenken Sie hierbei, das selbst die kleinste Änderung für den Hund Denksport bedeutet, denn Hunde denken sehr detailverliebt. Schon ein Versteck nur wenige Zentimeter entfernt kann Denksport bedeuten!

– Üben Sie heute einmal z. B. mit einem Gitterball. Wo kann man dort Futterstücke verstecken und wie schwer fällt es dem Hund dann, diese zu finden? Was kann man noch mit ihm machen? Wo kann den Gitterball z. B. aufhängen, damit der Hund sich damit beschäftigen und das Futter aus dem Inneren hervorholen kann? Probieren Sie es für einen Tag aus!

➢ *Tag 10: Um die Ecke denken – einmal anders!*

Sie haben schon gesehen, dass eine Kleinigkeit genügt, um Denksport für Ihren Hund zu sein.

– Diese Übung ähnelt der Übung mit dem Klappstuhl, allerdings benutzen Sie hierfür nun einen anderen Stuhl. Für Ihren Hund stellt dies schon eine Denksportaufgabe dar. Der Hund sollte hier aber auch durch einen Schlitz (an der Stuhllehne) hindurchschauen können.

– Vor die Augen Ihres Hundes legen Sie auch hier wieder ein Futterstück auf den Boden, allerdings ist der direkte Weg dorthin versperrt. Schafft es Ihr Hund, schnell den Umweg zum Futterstück zu finden?

– Als Variante können Sie den Stuhl einmal umdrehen oder den Hund auf einer anderen Position starten lassen. Je länger er um den Stuhl laufen muss, um an das Futterstück zu gelangen, desto schwieriger wird die Übung für Ihren Hund. Auch können Sie sich selbst einmal an eine andere Stelle stellen.

➢ *Tag 11: Ein Eimer im Stuhl – wie cool ist das denn!*

Diese Übung ist eine Variante des Hütchenspiels, die Ihren Vierbeiner sicher sehr fordern wird!

– Benötigt wird ein recht stabiler, weniger empfindlicher Stuhl, an dem auch mal ein Eimer herumschaben kann. Am besten nehmen Sie hier einen etwas älteren Stuhl. Auch brauchen Sie einen Eimer, der umgedreht zwischen die Stuhlbeine passt und gegebenenfalls noch Eimer, den Sie an die Seite hängen können – und natürlich Futterstückchen.

– Ungeübte Hunde können Sie erst einmal mit einem umgekippten, leicht angekippten Eimer starten. Legen Sie zuerst das Futterstückchen locker vorn in den Eimer. Langsam können Sie es dann immer tiefer in den Eimer legen. Kann der Hund dies, können Sie dann ein Futterstück in den Eimer legen, wobei Ihr Hund Ihnen dabei zusehen kann und den Eimer umgedreht zwischen die Stuhlbeine legen. Zuerst können Sie den Eimer noch etwas gekippt hinlegen, damit der Hund ihn besser umkippen kann. Später ist dies nicht mehr nötig.

– Als Erweiterung können Sie den Eimer in Reichweite des Hundes statt umgedreht zwischen den Stuhlbeinen aufgestellt an die Stuhllehnen hängen und ihn daraus das Futter holen lassen. Anfangs auch noch weiter vorn am Eimer, dann immer tiefer drinnen. Schafft er dies, können Sie mehrere Eimer gleichzeitig nehmen.

➢ *Tag 12: Das Labyrinth zum Schnüffeln!*
Ja, ein Stuhl kommt meist nicht allein. Und wenn mehrere Stühle umgelegt werden, entsteht für den Hund im Haus ein wunderbares Schnüffel-Labyrinth mit viel Denksport.

– Holen Sie sich für diese Übung mehrere stabile, kratzfeste Stühle und viele Futterstückchen. Gern kann dies auch eine ganze Mahlzeit Trockenfutter sein.

– Bilden Sie das Labyrinth: Legen Sie die Stühle dazu so hin, dass sich Ihr Hund gut darin bewegen kann. Im Zweifelsfall legen Sie die Stühle lieber am Anfang etwas weiter auseinander.

– Nun verteilen Sie die Futterstücke so, dass Sie wirklich auch alle Möglichkeiten zum Verstecken ausnutzen. Legen Sie die Futterstücke zwischen die Armlehnen, die Querverstrebungen, unter die Sitzfläche usw. Je erfahrener und unerschrockener Ihr Hund ist, desto schwieriger können hier auch die Verstecke sein.

Bei gutem Wetter können Sie auch draußen im Garten so ein Schnüffellabyrinth für Ihren Hund bauen, beispielsweise mit stabilen Gartenstühlen, Blumentöpfen unterschiedlicher Größe etc.

➢ *Tag 13: Ein Sessel zum Ausruhen!*
Um fit zu sein, braucht Ihr Hund genügend Schlaf. Das kennen wir auch von uns Menschen. Sorgen Sie also auch mal an einem Tag dafür, dass Ihr Hund all das Gelernte gut verarbeiten kann.

– Hunde haben im Allgemeinen ein viel höheres Schlafbedürfnis als wir Menschen, daher sollten wir auch für eine gute Schlafgelegenheit sorgen. Im Durchschnitt würde ein Hund – wie schon einmal in einem der ersten Kapitel erwähnt – 15 bis 20 Stunden am Tag ausruhen, auch wenn er dabei nicht immer im Tiefschlaf ist, sondern auch einmal nur vor sich her starrt.

– Wenn Hunde – gerade nach Denksportaufgaben – nicht ruhen, werden sie unausgeglichen und schaffen es kaum, richtig zur Ruhe zu kommen. Das ist auch hier wie bei uns Menschen, wenn wir gestresst sind und zu wenig schlafen.

– Beobachten Sie Ihren Hund: Wo schläft er am liebsten? Vielleicht im Flur, wo er alles überblicken kann, auch wenn es da mal kälter ist? Liegt er auch gern draußen im Gras und möchte vielleicht durch eine Hundeklappe die Möglichkeit haben, dorthin zu gehen? Oder liegt er bevorzugt am Kamin? Welche Unterlagen mag Ihr Hund besonders? Am besten ist, Sie halten auch Auswahlmöglichkeiten für Ihren Hund bereit, wo er sich ausruhen kann. Manchmal helfen z. B. Kauknochen oder das Auslecken von Schüsseln dem Hund, mal „runter" zu kommen und zu ruhen. Je wohler sich Ihr Hund am Schlafplatz fühlt, umso besser wird er sich natürlich erholen und dann wieder bereit für neue Denksportaufgaben sein.

➢ *Tag 14 Zelte und Tunnel!*

Ein wahres Schnüffel-Abenteuer für Ihren Vierbeiner!

– Hierzu basteln Sie aus Tunnel und Decken ein Zelt für den Hund, indem Sie dann Futterstücke verstecken, die Ihr Hund suchen soll. Je größer Ihr Hund ist, desto geräumiger kann natürlich auch das Zelt sein.

– Hängen Sie Decken auf einen oder über mehrere Stühle und bauen Sie so ein Zelt für Ihren Hund. Wenn Sie statt Decken eine Plastikplane benutzen, sollten Sie Ihren Hund unter Umständen vorher schon einmal darauf gehen und Futter suchen lassen, damit er das Knister-Geräusch kennt. Je ängstlicher Ihr Hund ist, umso mehr Futter sollten Sie im Zelt verteilen. Freuen Sie sich über jeden Teilerfolg, auch wenn Ihr Hund nicht gleich alle Futterstücke sucht und wieder aus dem „Zelt" geht.

➢ *Tag 15: Ein Stuhl mit Schnüffeldecken!*
Schnüffeldecken sind bei Vierbeinern sowieso beliebt, warum also nicht einmal zur Abwechslung diese auf einem umgedrehten Stuhl postieren.

– Benötigt werden mehrere Decken (gern auch spezielle Schnüffeldecken), ein Stuhl und Futterstücke.

– Bereiten Sie nun den Schnüffelteppich vor, indem Sie den Stuhl umdrehen und ihn auf den Boden legen. Knoten Sie nun die Decken an alle möglichen Ecken und Enden des Stuhles und verstecken Sie das Futter darin, am besten in den Falten. Nun lassen Sie Ihren Hund suchen!

➢ *Tag 16 Mit dem Stuhl kniffelig tricksen!*
Hier springt Ihr Hund auf den Stuhl, schnappt sich einen leeren Becher und „trinkt“ scheinbar aus diesem Becher!

Eigentlich besteht der Trick aus 3 Teilübungen.

• Übung 1: Ihr Hund springt auf den Stuhl.

• Übung 2: Ihr Vierbeiner hebt seinen Kopf nach oben.

• Übung 3: Mit der Schnauze hält Ihr Vierbeiner den Becher fest.

Das Springen auf den Stuhl:
– Nehmen Sie hierzu einen Stuhl, auf den Ihr Hund auch gut springen kann. Oft beherrschen Hunde diesen Trick sogar schon auf Kommando, vielleicht Ihr Hund auch schon? Ansonsten animieren Sie ihn mit Futterstücken dazu, auf ein Podest zu springen. Für den weiteren Übungsverlauf ist es vorteilhaft, wenn der Hund lernt, sich gleich hinzusetzen. Schließlich hebt sich der Kopf von dort besser.

Das Heben des Kopfes:
– Als Erstes sollte Ihr Hund lernen, Ihre Hand mit der Nase anzustupsen oder

anzuschauen. Das lernt Ihr Hund auch am besten mit vielen Futterstücken als Belohnung. In der Fachsprache nennt man dies „Handtarget“, was sich vom englischen Wort für Ziel (target) ableitet.

– Nun übt man vor allem das Heben des Kopfes mit der Nase nach oben.

– Wenn der Hund dies kann, können Sie einen neuen Befehl wie etwa „Schau nach oben!“ einführen.

– Ihre Hand ziehen Sie immer mehr zurück, bis Ihr Hund dies allein kann.

Festhalten des Bechers:
– Als Erstes bekommt der Hund immer eine Belohnung, wenn er sich dem Becher nähert. Nimmt er den Becher am Rand, bekommt Ihr Hund eine besonders schöne und große Belohnung.

– Irgendwann belohnen Sie Ihren Hund dann nur noch, wenn er den Becher nimmt.

– Schafft es der Hund, den Becher am Rand festzuhalten, können Sie daran arbeiten, dass er dies immer länger tut. Sie können Ihrem Hund zu Übungszwecken auch einmal den Becher hinhalten, den er nehmen soll. Ängstliche Hunde fühlen sich da wohler.

– Der Hund soll nun den Becher immer länger halten, um seine wohlverdiente Belohnung zu bekommen.

– Nun können Sie auch hierfür ein Kommando einführen wie etwa „Trinken!“

Nun können Sie beginnen, alle 3 Teilübungen zu einer Übung zusammenzuführen. Beachten Sie jedoch, dass diese aufgrund des Stresses, der auf Ihren Hund wirkt, auch mal eine Weile dauern kann, bis Ihr Hund das schafft.

➢ *Tag 17: Ein Stuhl – Das beste Turngerät!*

Auch Ihr Vierbeiner braucht körperliche Ertüchtigung. Hier benötigen Sie einen Stuhl, durch den Ihr Hund auch sehr gut gehen kann, der also zur Größe Ihres Hundes passt. Für sehr große Hunde können Sie auch einen Tisch zu den Übungen heranziehen. Der Stuhl sollte jedoch nicht rutschen und am besten empfiehlt sich eine feste Unterlage wie etwa ein Teppich.

Überlegen Sie sich nun, was Sie mit Ihrem Hund und dem Stuhl bzw. Tisch (das kann auch ein stabiler Couchtisch sein!) alles machen können. Übungen sind zum Beispiel:

– Der Hund geht rechts oder links um den Stuhl.

– Ihr Vierbeiner umkreist die vier Stuhlbeine einzeln (Vorausgesetzt, die Größe stimmt! Ansonsten versuchen Sie es mit einem Tisch).

– Ihr Hund geht unter dem Stuhl durch, entweder diagonal, gerade, ohne Hindernisse oder über die Querstreben.

– Die Vorderpfoten werden vom Hund auf die Vorderflächen gelegt.

– Der Vierbeiner legt das Kinn auf die Sitzfläche.

– Wenn der Hund es kann, springt er auf die Sitzfläche.

– Der Hund schafft es, den Kopf durch die Lehne zu strecken.

– Ihr Hund schafft es, genau unter dem Stuhl zu sitzen oder zu liegen.

– Wenn der Stuhl seitlich liegt, kann Ihr Hund über das Stuhlbeinpaar in Bodennähe steigen, wobei dies auch noch durch das obere Stuhlbeinpaar begrenzt wird.

– Liegt der Stuhl auf dem Rücken, kann Ihr Hund die Rückenlehne überqueren.

– Sollte der Stuhl mit der Vorderseite auf dem Boden liegen, kann Ihr Hund über die Rückseite von Sitzfläche und Lehne klettern oder darunter hindurch … und vieles mehr, es gibt hier unzählige Möglichkeiten. Werden Sie kreativ!

Wenn Ihr Hund nicht gleich versteht, was Sie von ihm wollen, versuchen Sie sich vorzustellen, dass Sie einen starken Magneten in der Hand halten und „führen“ Sie Ihren Hund mit Futter in der Hand. Wenn der Hund Ihrer Hand folgt, bekommt er natürlich eine Belohnung.

➢ *Tag 18: Ein Hocker mit einem Kopf!*

Ersetzt man den Stuhl mit einem Hocker, ergibt sich sehr schnell ein wunderbares neues Spiel mit Ihrem Hund:

– Sie brauchen hierfür einen Hocker – mit Beinen, die dick genug sind, damit darauf ein Futterstück gelegt werden kann. Dazu noch Futterstücke und einen Eimer. Wenn möglich, sollte der Eimer durchsichtig sein, damit Ihr Hund das Futterstück schon sieht. Als Futter eignen sich hier besonders etwas Weichkäse oder Leberwurst für Hunde, da diese besonders gut am Stuhlbein kleben bleiben und nicht so schnell hinunterfallen.

– Drehen Sie für dieses Training den Hocker um und legen bzw. tupfen Sie die Belohnung auf eines der Hockerbeine. Am besten starten Sie mit einem kleinen, durchsichtigen Gefäß bzw. einem kleineren Eimer, wodurch der Hund schon das Futter sehen kann.

– Als Erstes legen Sie das Gefäß bzw. legen Sie den durchsichtigen Eimer locker über das Futter. So schafft es Ihr Hund noch gut, den Eimer schnell umzustoßen und an das Futter zu kommen.

– Schafft der Hund es, an das Futter zu kommen, können Sie schließlich die Übung immer schwieriger gestalten. Der Hund sollte aber immer erst einmal bei einem Schritt bleiben und die Übung ca. fünfmal wiederholen, bevor Sie den Übungsaufbau erschweren.

– Nun kann das Gefäß bzw. der Eimer so an den Hocker gehängt werden, dass es nicht mehr so schnell von Ihrem Hund herunterzuholen ist. Damit Ihr

Hund leichter an das Futter kommt, können Sie zu Beginn erst einmal den Hocker etwas schräger halten. Der Hund kommt so schneller an das Belohnungs-Futterstück. Das Phänomen ist dabei dasselbe wie beim Menschen: Erfolg spricht an!

➢ *Tag 19: Ein selbst gebasteltes „Spinnennetz" am Stuhl:*

Ganz auf die Bedürfnisse Ihres Hundes ausgerichtet werden bei diesem Denksportspiel Futterpäckchen an den Stuhl gebunden – etwa wie ein Spinnennetz. Diese neue Art zu Fressen wird das Gehirn Ihres Hundes wirklich fordern. Wichtig ist bei dieser Übung, dass Sie den Stuhl gut durch Festhalten sichern und Sie Ihren Hund immer genau im Blickfeld haben für den Fall, falls er doch einmal an der Schnur hängen bleiben sollte.

– Benötigt wird hier ein Stuhl – am besten mit möglichst vielen Möglichkeiten, die Futterstücke für Ihren Hund aufzuhängen. Futterstücke und Papier zum Einpacken werden ebenfalls gebraucht. Die zum Aufhängen benutzte Schnur sollte elastisch sein und den Hund nicht verletzen, wenn er denn einmal im Eifer des Gefechtes dort hängen bleiben sollte.

– Für dieses Spiel kippen Sie den Stuhl entweder zur Seite oder Sie lassen die Stuhlbeine schräg in die Höhe zeigen. Daran befestigen Sie nun die Schnüre. Die Futterstücke teilen Sie in verschiedene Portionen auf, die Sie mit dem Packpapier einpacken. Diese Päckchen werden nun locker an die Schnüre gebunden. Ihr Hund sollte keine Schwierigkeiten haben, die Pakete von den Schnüren abzulösen.

➢ *Tag 20: Ein Käfig zum Knobeln!*

Aus einem Stuhl und einem Tuch kann man wunderbar einen Käfig bauen, aus dem der Hund sein Futter holen soll.

– Nicht jeder Stuhl eignet sich für diese Übung. Am besten verwenden Sie

Gartenstühle, da diese oft eine Art Gitter haben, das sicher ist, aber durch das Ihr Hund nicht gleich direkt an sein Futter kommt. Aber auch ein Hocker kann für diese Übung verwendet werden, Hauptsache, es entsteht eine Art Tunnel, der der Größe Ihres Hundes angepasst ist. Außerdem benötigen Sie ein Tuch, dass sich leicht aus dem „Käfig" ziehen lässt (z. B. ein Handtuch aus der Küche) und natürlich Futterstücke. Der Boden sollte hier am besten glatt sein, damit das Tuch leicht aus dem „Käfig" gezogen werden kann.

– Zuerst legen Sie ein Futterstück auf das Tuch, wobei Ihr Hund Ihnen zusieht. Dann legen Sie das Tuch unter den Stuhl, seitlich zwischen Sitzfläche und Lehne. Kommt Ihr Hund nun darauf, das Tuch mit seiner Pfote oder der Schnauze herauszuziehen, damit er das Futter bekommen kann?

– Schafft Ihr Hund dies nicht gleich, hilft es, das Futterstück erst einmal so nah auf das Tuch zu legen, sodass es der Vierbeiner mit der Pfote oder der Schnauze holen kann und er das Tuch erst einmal nicht herausziehen muss. Nach und nach können Sie das Futterstück dann so auf dem Tuch platzieren, dass Ihr Hund immer mehr daran ziehen muss, um das Futter zu bekommen.

– Unterstützen können Sie Ihren Hund auch, indem Sie zu Beginn erst einmal den Stuhl etwas wegschieben, sodass der Hund leichter an das Futter kann. Nach und nach greifen Sie dann nicht mehr ein. Dann wird es für den Hund schwieriger.

➢ *Tag 21: Gehirnjogging mit einem Gartenstuhl!*

So bekommen Ihre Gartenstühle selbst im Winter eine gute Verwendung!

Für diese Übung benutzen Sie am besten einen Stuhl, der aus kleinen Gittern besteht, etwa so wie der hier abgebildete. Ihr Futter sollte zum einen klein genug sein, damit es durch den Stuhl hindurch gefüttert werden kann, zum anderen sollte es nicht durch die Gitternetze des Stuhles fallen. Auch sollten

Sie für genug Platz sorgen, damit sich der Hund für die Futtersuche frei bewegen kann.

– Zuerst geben Sie Ihrem Hund etwas Futter durch die Gitternetze. Ihr Hund wird nun sehr wahrscheinlich davon ausgehen, dass Sie dies weiterhin tun. Hat der Hund ein paar Stücke bekommen, legen Sie die neuen Stücke nun auf den Stuhl und weisen Ihren Hund nun darauf hin, dass er sich die Futterstücke ohne Ihre Hilfe holen soll. Zuerst einmal etwas weiter hinten. Dann muss der Hund nicht so weit laufen und es ist leichter für ihn. Nach und nach kann man das Futter immer weiter nach vorn legen.

– Besonders schwer wird die Übung für den Hund, wenn man das Futter mit einem Kissen bedeckt, sodass der Hund dies nicht sofort sieht.

➢ *Tag 22: Ein Stuhl mit Schleifen!*

Versteht es Ihr Hund, Schleifen aufzumachen, dann hat er mit Sicherheit eine Belohnung mehr als verdient!

– Man nehme für diese Denksportübung einen stabilen Stuhl. Am besten sollte der Stuhl nicht so glatt sein, da sich so die Schleifen besser daran befestigen lassen und sie nicht abrutschen. Dazu breites Geschenkband, Stoffstreifen oder Streifen aus Packpapier für die Schleifen. Außerdem Belohnungen, die hinten an der Schleife befestigt werden können. Am besten geht dies mit Trockenfutter, dessen Stücke groß genug sind, dass der Hund sie hinter den Schleifen noch sehen kann.

– Während Ihr Hund in einem anderen Raum wartet oder Ihnen zusieht, bereiten Sie alles für diese Übung vor: Das Geschenkband wird als Schleife um den Stuhl gezogen. Benutzen Sie dazu am besten den ganzen Stuhl, wo Ihr Hund bequem herankommen kann. Das können auch z. B. Querverstrebungen oder die Lehnen des Stuhles sein. Das Geschenkband sollten Sie nur so formen, aber nicht verknoten. Hinter der Schleife fixieren Sie dann das Futterstück. Meist geht dies besser, wenn die Schleife schon fertig ist.

– Ihr Hund soll nun das Futter finden. Schafft er es, die Schleifen vom Stuhl zu lösen und so an das Futter zu gelangen? Oder zieht er das Futter so hinter den Schleifen hervor? Beide Varianten sind Denksport für den Vierbeiner! Wichtig ist es hier, den Stuhl immer gut festzuhalten. Wenn Ihr Hund dies noch nicht gleich schafft, lockern Sie die Schleifen ein bisschen, sodass es ihm leichter fällt, diese zu lösen.

➢ *Tag 23: Heute spielen Sie einmal den Stuhl!*

Dies ist ein besonderer Trick, bei dem Sie und Ihr Hund gemeinsam gefordert sind, sowohl sportlich als auch im Zusammenspiel als Team! Ganz wichtig ist es bei dieser Übung, dass Sie und Ihr Hund ausgeruht und konzentriert sind, damit es hierbei nicht zu Verletzungen kommt.

Für diese Übung benötigen Sie einen Hocker oder eine Kiste (stabil und am besten nicht so hoch, aber breit genug, Ihre Füße sollten hineinpassen), eine kleinere Kiste, eine Fußmatte, evtl. eine Matte für sich selbst und selbstverständlich Futterstücke als Belohnung. Die Übung bringen Sie Ihrem Hund am besten auch wieder schrittweise bei:

– Zuerst nehmen Sie den Hocker und legen eine Fußmatte darüber. Das hat zum einen den Vorteil, dass der Hund mehr Halt hat, und zum anderen, dass er die Fußmatte dann beim zweiten Schritt schon kennt. Für Schritt 1 nehmen Sie den Hocker, über den Sie die Fußmatte gelegt haben, mit den Schuhen auf und versuchen, ihn möglichst waagerecht zu positionieren. Der Hocker sollte stabil auf Ihren Füssen stehen. Halten Sie den Hocker dabei gut mit den Händen fest und versuchen Sie, erst einmal das Ganze auf niedriger Höhe zu üben. Manchmal hilft es, eine zweite Person hinzuzuziehen, die den Hund dazu animiert, auf den Hocker zu gehen. Bei Erfolg belohnen Sie Ihren Hund ausgiebig.

– Steigern Sie nun langsam die Höhe, aber stecken Sie die Beine erst einmal noch nicht ganz hindurch. Da das Ganze sehr wackelig sein kann, erwarten

Sie nicht, dass es beim ersten Mal funktioniert. Der Hund sollte auch nicht gleich das Vertrauen verlieren. Am besten ziehen Sie die Knie nicht direkt an die Brust, denn dies ist unangenehm und nicht so stabil. Zuerst ist ein Winkel von 45 Grad am besten, so kommt der Hund auf den Hocker und später auf die Kiste. Beachten Sie, dass Sie sich zum Beispiel auch mal auf die Seite rollen müssen, wenn der Hund aus Versehen den Hocker oder dann die Kiste verfehlt.

– Kann der Hund dies, können Sie alles nur mit Fußmatte versuchen, die Sie am besten einmal falten. So wirkt die Fläche nicht größer. Zuletzt können Sie die Hilfsmittel weglassen.

➢ *Tag 24 – Weihnachten!*
Am heutigen Tag können Sie Ihrem Hund eine besondere Freude machen, indem Sie ihm einen wunderbaren „Überraschungsbaum" basteln.

– Präparieren Sie den „Baum" für Ihren Hund am Stuhl, indem Sie vieles kombinieren, was Sie in den letzten Tagen mit Ihrem Hund geübt haben. Sie können aber versichert sein, dass er diesen „Baum" lieben wird.

– Lassen Sie die Überraschungen (unterschiedliche Spielzeuge, in denen sich eingepackte Leckerli befinden bzw. Papierrollen, die mit Futter gefüllt sind) locker an einem Stuhl herunterhängen, sodass Ihr Vierbeiner aber noch an das Futter kommt. An den Querverstrebungen des Stuhles und den Stuhlbeinen können Sie mit Futter bestückte Schleifen aus Packpapier und Toilettenpapierrollen befestigen. Zwischen die Querverstrebungen passt gut ein Spinnennetz, in dem mit Futter gefüllte Packpapier-Pakete angebracht sind. Um die Stuhllehne herum können Sie dazu noch eine Schnüffeldecke aufhängen und vieles mehr. Für Ihren Hund wird das ein wahres Fest der Sinne!

Selbstverständlich gibt es noch viele weitere Möglichkeiten, wie Sie Ihren

Hund mit einem Stuhl zum Denksport animieren können, seien Sie kreativ und entwickeln Sie selbst Spiele, indem Sie diese Spielansätze als Vorlage nehmen!

Ein Hundespiel-Mitmach-Adventskalender, der viel Spaß verspricht und Ihren Hund kreativ beschäftigt – Hilfsmittel Eimer

Ein weiterer Mitmach-Kalender kann mit einem einfachen Werkzeug erstellt werden, nämlich dem Eimer! Auch hier werden Sie und Ihr Liebling viel Spaß miteinander haben!

➢ *Tag 1: Der Start – die erste Begegnung von Hund und Spielgegenstand Eimer:*

Am ersten Tag soll sich der Hund erst einmal an den Gegenstand „Eimer“ gewöhnen. Dazu überlegen Sie sich am besten erst einmal, was man alles mit einem Eimer machen kann. Man kann zum Beispiel

- Den Hund schnüffeln lassen
- Knobel- und Denksportspiele erfinden, bei denen der Hund aktiv werden und eventuell einen Mechanismus erkennen muss
- Schnauzenarbeit für den Hund geben (Schreddern, Kauen, Nagen, Schlecken, Auspacken …)
- Bewegungsspiele (Hundeturnen, Gymnastik) damit durchführen
- Oder ihm noch andere Tricks beibringen.

Am ersten Tag können Sie mit Ihrem Hund mal den Gegenstand „Eimer“ testen. Da dieser für den Hund neu ist, bedeutet dies auf jeden Fall Denksport.

– Bringen Sie den Eimer einmal in verschiedene Formen und lassen Sie den Hund damit spielen. Beobachten Sie dabei auch, was ihm leichtfällt und wo der Hund vielleicht Angst zeigt.

– Probieren Sie den Eimer auch mal mit anderen Gegenständen aus. Stellen Sie zum Beispiel einmal einen Eimer mit Deckel vor den Hund und schauen Sie was passiert …

– Sie können beim Spaziergang draußen den Eimer beispielsweise auch einmal an einem Seil aufhängen, sodass der Hund noch den Eimer erreicht und beobachten ebenfalls mal, was passiert.

➢ *Tag 2: Hütchenspiel im Eimer ...*

Dieses Denksportspiel ist ein wahrer Klassiker unter den Denksportspielen!

Mit einem Eimer ist dies für einen Hund eine Herausforderung, die aber in der Regel von fast allen Hunden gut gemeistert wird. So führen Sie dieses Spiel durch:

– Legen Sie im Beisein des Hundes (er sieht so schon, dass da etwas in dem Eimer ist) etwas Futter oder ein Spielzeug, das der Hund besonders gern mag, in den Eimer. Nun können Sie dem Hund freie Bahn lassen und er darf schauen, wie er an das Futterstück oder das Spielzeug kommt.

– Je nach Hund können Sie den Schwierigkeitsgrad der Übung auch sehr gut variieren. Wenn Sie den Eimer z. B. auf einen Teppich stellen, kann dieser schneller vom Hund umgeworfen werden als auf einem Parkettboden. Der Untergrund spielt also auch eine Rolle. Auch der Platz, wo der Eimer hingestellt wird, kann für den Schwierigkeitsgrad entscheidend sein. Denn an einer Ecke kann Ihr Hund den Eimer ebenfalls in der Regel besser umwerfen als im freien Raum.

– Für noch nicht so geübte Hunde kann man vorher eine Wolldecke mit einigen dicken Falten auf den Boden legen und den Eimer daraufstellen. So sieht der Hund das Futter schon und hat einen noch größeren Anreiz, den Eimer umzustoßen. Auch ist das Geräusch beim Umfallen des Eimers noch nicht so laut und der Hund erschreckt nicht so schnell. Wer es noch einfacher möchte, kann erst einmal mit einem Becher und dann mit einem Blumentopf üben. Kann der Hund dies, kann dann auch ein Eimer benutzt werden, zuerst ein kleinerer und dann auch ein größerer Eimer.

➢ *Tag 3: Das Schauen in die Röhre ...*

Den Eimer benutzen Sie hier als Röhre, bei der Ihr Hund seinen Mut unter Beweis stellen muss. Denn es kostet den Hund sicher Überwindung, den Kopf in einen Eimer zu stecken. Ist der Eimer sehr groß und der Hund klein, so kann es sogar sein, dass der Hund mit seinem ganzen Körper in den Eimer eintauchen muss.

– Legen Sie den Eimer für dieses Spiel auf die Seite und positionieren Sie dann Futter oder das Licblingsspielzeug darin. Beachten Sie dabei auch die Größe des Hundes.

– Variieren können Sie das Ganze, indem Sie am Anfang erst einmal eine Schüssel oder einen Karton nehmen, damit sich der Hund daran gewöhnt. Hat der Hund die Aufgabe ein paarmal gut gelöst, können Sie dann auch einen Eimer nehmen. Am Anfang können Sie das Futter oder das Spielzeug auch an den Anfang des Eimers legen, sodass der Hund mit dem Kopf nicht ganz so tief in den Eimer eintauchen muss und sich langsam „herantasten" kann. Abwechselung verspricht auch die Verwendung eines größeren Kartons statt eines Eimers. Für große und mutige Hunde können da auch z. B. Pop-up-Laubsäcke im Garten verwendet werden.

– Am besten sorgen Sie dafür, dass Sie genügend Futter haben, damit Ihr Hund die Übung mehrere Male wiederholen kann.

➢ *Tag 4: Eimer, wie er normal ist!*

Die Herausforderung für den Hund hängt auch hier von der Größe des Hundes bzw. des Eimers ab. Der Eimer sollte von der Größe so gewählt werden, dass der Hund ihn zumindest anstupsen muss, um an das Futter gelangen und er nicht einfach das Futter aus dem Eimer fressen kann.

– Der Eimer wird so aufgestellt, wie er normalerweise auch steht, also mit der Öffnung nach oben. Dann geben Sie ein Futterstück oder ein Spielzeug in den Eimer und der Hund soll es aus dem Eimer holen.

– Auch hier können Sie variieren und z. B. bei besonders großen und mutigen Hunden Pop-up-Laubsäcke statt eines Eimers verwenden. Ängstliche Hunde sollten es erst einmal mit einer kleinen Schüssel versuchen. Es ist auch nicht verkehrt, zur Dämpfung der Geräusche eine Wolldecke darunter zu legen.

➢ *Tag 5: Deckel auf dem Eimer!*

Diese Übung steigert die ersten 3 Übungen noch einmal, da sie vom Hund noch mehr Geschick erfordert. Ideal ist es, wenn Ihr Hund vor der Übung schon Futter aus einem Eimer ohne Deckel holen kann.

– Geben Sie hier ebenfalls ein Futterstück oder das Lieblingsspielzeug in den Eimer und setzen einen passenden Deckel drauf. Das kann zum Beispiel ein Blumentopfuntersetzer oder ein größerer Plastikteller sein.

– Sie können versuchen, ob es besser ist, wenn Sie den Eimer etwas festhalten, damit er nicht so schnell umfällt. Wenn der Eimer sehr schnell umfällt, können Sie ihn auch beschweren, indem Sie z. B. ein Buch zusätzlich zu dem Futter oder dem Spielzeug in den Eimer legen. Als Variante können Sie auch ein Handtuch oder eine (schmalere) Decke auf den Eimer legen. Besonders schlaue Hunde schaffen es auch, einen Kartondeckel zu entfernen, um so an die Belohnung zu gelangen.

– Kein Meister ist vom Himmel gefallen. Schafft Ihr Hund die Übung also nicht sofort, so setzen Sie den Deckel erst einmal nicht ganz, sondern zur Hälfte auf den Eimer und bedecken den Eimer nach jedem erfolgreichen Versuch immer mehr.

➢ *Tag 6: Nikolaus-Bescherung!*

Diese Übung kommt Hunden sehr gelegen, denn die Arbeit mit der Schnauze (Schreddern, Nagen, Kauen, Schlecken, Dinge zerfetzen…) liegt dem Hund und sie hat zudem auch noch einige positive Nebeneffekte:

• Kauen macht Hunde glücklich und sorgt für Entspannung. Schon von Natur aus kauen Hunde oft und gern.

• Ihr Hund vergreift sich nicht mehr an Ihren Sachen wie etwa Schuhe etc. Besonders Welpen und junge Hunde haben noch ein großes Kaubedürfnis, was so gestillt werden kann.

• Das Kauen reduziert bei Hunden Stress, denn durch die Bewegung der Kieferknochen löst es Verspannungen und Anspannungen beim Hund, etwa so wie bei uns Menschen ein Kaugummi.

Das ist die Übung:

– Legen Sie sich zuerst alles bereit, was Sie brauchen. Das ist ein Eimer, Material zum Verpacken (Toilettenpapier, Kartons, Papier…) und einige schöne Überraschungen für den Hund.

– Packen Sie nun die Überraschungen für den Hund ein. Dabei können Sie ruhig kreativ sein und verschiedene Packungen für den Hund auswählen. Sehr gut eignen sich hier auch gefüllte Futterbälle, gefülltes Kauspielzeug oder Trockenkauartikel. Wie auch die Lieblingsspielzeuge Ihres Hundes sorgen diese dafür, dass der Hund länger beschäftigt ist. Wenn in jedem Päckchen etwas anderes ist oder eine andere Kekssorte ist, so ist das auch für Ihren Hund besonders aufregend und spannend, denn er findet ja immer etwas Neues. Ist der Hund noch nicht so gut im Auspacken, können Sie die Pakete auch etwas lockerer packen. Dann kommt Ihr Hund besser an die Überraschung.

– Evtl. können Sie den Eimer noch dekorieren, z. B. mit einer Nikolausmütze oder indem Sie einen Stoff-Nikolaus auf den Eimer kleben.

Das ist auch eine tolle Idee für andere Hundebesitzer oder wenn Tierheime besucht werden. Da freut sich sicher jeder über die Beschäftigung der Lieblinge!

➢ *Tag 7: Stopfen im Eimer!*

Ihr Hund weiß nun schon, dass eine Überraschung im Eimer lauern kann. Nun können Sie die Übung etwas erschweren: Das Objekt der Begierde ist für den Hund nun nicht mehr gleich zu bekommen, sondern noch einmal verdeckt.

– Legen Sie nun wieder Futter oder Lieblingsspielzeug für den Hund, der dabei zuschaut, in einen Eimer. Ist der Eimer größer, sollte der Hund schon den Eimer umwerfen können.

– Nun drücken Sie mit einem Kissen oder einem Spielzeug eine Art „Stopfen“ in den Eimer, sodass der Hund dieses erst entfernen muss, um an die Belohnung zu kommen. Das kann ein Kissen, eine Decke oder auch ein größeres Spielzeug sein.

– Jetzt können Sie Ihren Vierbeiner tüfteln lassen. Wenn es noch nicht so ganz klappen will, können Sie den Eimer zuerst auch auf die Seite legen und den verstopfenden Gegenstand etwas lockerer auf die Belohnung legen.

➢ *Tag 8: Ein Eimer im Eimer!*

Dies ist eine wahre Herausforderung für den Hund!

– Für diese Übung benötigen Sie zwei oder noch mehr Eimer, die alle ineinander verschachtelt werden können. Ähnlich der bekannten russischen Matroschka-Puppe.

– Legen Sie nun die Belohnung für Ihren Hund (Futter, Spielzeug) in den größten Eimer, der an unterster Stelle steht. Nun stellen Sie einen oder mehrere kleinere Eimer hinein. Der Hund muss diese also erst irgendwie herausbekommen, bevor er an die Belohnung gelangt.

– Wenn Ihr Hund die Übung nicht gleich versteht, versuchen Sie es, indem Sie die Eimer erst einmal mit der Öffnung zur Seite auf den Fußboden (evtl. mit einer Decke) legen. Zuerst positionieren Sie den zweiten Eimer noch weit außen. So kann der Hund ihn noch gut herausstoßen. Je besser der Hund dies kann, desto weiter können Sie den zweiten Eimer nach innen positionieren und die Eimer dann am Ende aufrecht hinstellen.

➢ *Tag 9: Der Eimer für richtige Hochstapler!*

Bei dieser Übung werden Eimer übereinandergestapelt und nicht ineinander geschachtelt.

– Stapeln Sie hier mehrere Eimer übereinander. Verstecken Sie zuerst in jedem Eimer, später nur im unteren Eimer die erhoffte Belohnung (Futter, Spielzeug). Fürs Erste können auch oben Schüsseln und Becher verwendet werden.

– Ihr Hund soll nun den Turm umwerfen und dort dann nach der Belohnung suchen.

– Beim Aufbau ist es sinnvoll, auf eine möglichst geräuscharme Unterlage zu achten, damit Ihr Hund sich nicht zu sehr durch das laute Geräusch beim Umstoßen des Turmes erschreckt. Das kann Rasen, Teppichboden oder eine Wolldecke sein.

– Am Anfang sollten Sie den Turm erst einmal auseinandergebaut lassen, damit sich Ihr Hund an die Übung gewöhnen kann.

– Am besten beginnen Sie auch erst mit 2 Elementen und geben unter das obere und das untere Element die Belohnung für Ihren Hund. Dabei sollte der Hund idealerweise zuschauen, damit er einen Anreiz verspürt, sich mit dem Turm zu beschäftigen. Stellen Sie – besonders bei schüchternen Hunden

– das obere Element erst einmal recht locker auf den unteren Eimer, sodass es besonders leicht von dem Hund umgestoßen werden kann. Sobald Ihr Hund dies kann, kann das obere Element fester auf das untere Element gestellt werden.

– Langsam können Sie den Schwierigkeitsgrad der Übung steigern, indem Sie immer mehr Elemente ins Spiel bringen und die Belohnung nur im unteren Eimer auf den Hund wartet.

➢ *Tag 10: Das kühle Nass wartet!*

Diese Übung nutzt eine bestimmte Eigenschaft von Eimern aus. Richtig: Sie sind wasserdicht und werden oft sowieso zum Putzen mit Wasser gefüllt. Viele Hunde – wenn auch nicht alle – mögen auch Wasser und es ist für sie eine willkommene Abwechslung und Erfrischung, Futter aus einem Eimer mit Wasser zu fischen.

– Suchen Sie für diese Übung einen Eimer heraus, in den Ihr Hund gut mit dem Kopf kommt und aus dem er auch gut Futter herausholen kann.

– Sie können die Übung daher auch erst einmal ohne Wasser probieren.

– Nun kommt Wasser ins Spiel: Geben Sie erst nur ein wenig Wasser in den Eimer und werfen das Futter dann dazu. Das nimmt dem Hund erst einmal die Scheu, besonders, wenn er Wasser so noch nicht gut kennt. Wenn der Hund es schafft, das Futter aus dem Eimer zu fischen, können Sie dann den Wasserstand gegebenenfalls nach und nach erhöhen. Hat Ihr Hund noch Schwierigkeiten oder traut er sich am Anfang nicht, das Futter aus dem Eimer zu fischen, können Sie auch erst einmal mit einer Schüssel beginnen. Scheue Hunde trauen sich jetzt wahrscheinlich eher.

– Bedenken Sie bei der Übung auch, welches Futter sie benutzen. Schwimmt das Futter oben auf dem Wasser? Dann hat es der Hund leichter, an das Futter zu kommen, als wenn es zu Boden sinkt. Wenn Sie mögen, können Sie auch beide Futterarten benutzen, wenn der Hund so weit ist, auch Futter ganz unten vom Boden aus dem Wasser zu fischen.

Tipp: Ein transparenter Eimer macht die Übung für beide Seiten noch interessanter. Sie können dem Hund bei der Übung zusehen und der Hund sieht auch schon gleich die Belohnung, die auf ihn wartet.

➢ *Tag 11: Der Eimer kommt an die Leine!*

Die meisten Eimer sind mit einem Henkel ausgestattet und genau so einen Eimer benötigen Sie bei diesem Spiel.

– Für diese Übung benötigen Sie einen der Größe Ihres Hundes angemessenen Eimer (er sollte bequem daraus etwas fressen können, wenn er am Boden steht) und eine Leine. Alternativ können Sie auch ein Seil benutzen.

– Entweder suchen Sie sich nun einen Assistenten, der die andere Seite der Leine bzw. des Seiles hält, oder Sie befestigen die Leine an einem Möbelstück (z. B. einem schweren Stuhl), welches nicht so schnell umfällt. Bei schönem Wetter draußen eignet sich da z. B. auch ein Baum.

– Nun hängen Sie den Eimer am Seil oder an der Leine auf. Zuerst so, dass er nur wenige Zentimeter vom Boden hängt und Ihr Hund gut in den Eimer reichen kann. In den Eimer geben Sie nun die Belohnung (Futter/ Spielzeug) und schauen, was Ihr Hund macht.

– Wenn es Ihrem Hund zuerst etwas unheimlich ist, sorgen Sie dafür, dass der Eimer noch halb auf dem Boden steht und ziehen Sie die Schnur nicht so an. Sobald Ihr Hund es schafft, sich die Belohnung zu schnappen, können Sie den Eimer dann fester anziehen bzw. höher halten, sodass der Schwierigkeitsgrad stufenweise erhöht wird.

➢ *Tag 12: Eimer mit Rand!*

Nicht wenige Eimer haben einen Rand, der auch prima für Denksportspiele mit dem Hund genutzt werden kann!

– Hierzu benötigen Sie einen Eimer, der mit einem Rand ausgestattet ist und einige Futterbröckchen (Spielzeug geht wohl nicht in den Rand).

– Geben Sie das Futter in den Rand des umgedrehten Eimers und lassen Sie Ihren Hund diese Futterbrocken herauslesen.

– Bedenken Sie dabei auch, dass Hunde unterschiedlich große Schnauzen haben. So ist es für einen Hund mit größerer Schnauze sicher schwieriger, das Futter aus einem engen Rand zu bekommen. Ein Hund mit kleinerer Schnauze hat es in diesem Fall leichter.

➢ *Tag 13: Mit geschlossenen Augen durch einen Loop!*

Um an die Belohnung zu kommen, muss Ihr Hund hier ins „Ungewisse“ tauchen!

– Sie benötigen für diese Übung einen Eimer, ein altes Baumwollloop (es gibt auch Schals in der Form, vielleicht haben Sie ja einen!) oder alternativ ein altes Handtuch bzw. eine alte Decke, in die ein Loch geschnitten werden kann.

– Außerdem brauchen Sie Klammern zum Befestigen des Loops am Eimer oder alternativ Nadel und Faden. Natürlich darf die Belohnung nicht fehlen!

– Ziehen Sie zuerst den Loop über den Eimer. Jetzt machen Sie die Öffnung schmaler. Am Anfang befestigen Sie am besten nur eine Seite mit einer Klammer am Eimer und machen die Öffnung immer schmaler. Wenn Sie ein altes Tuch bzw. eine Decke benutzen, schneiden Sie ruhig ein größeres Loch in das Tuch bzw. die Decke. Das Loch können Sie nachher noch weiter zu klammern, wenn Ihr Hund die Übung beherrscht.

– Gerade am Anfang sollte der Hund die Belohnung noch sehr gut sehen, damit er einen Anreiz hat, in den Eimer zu tauchen. Wenn der Hund die Übung beherrscht, können Sie auch beide Seiten mit Klammern befestigen und die Öffnung Schritt für Schritt verkleinern.

➢ *Tag 14: Durchsichtiger Eimer!*

Diese Übung schult die Fähigkeit Ihres Hundes, querdenken zu können! Für diese Übung benötigen Sie lediglich einen durchsichtigen oder mehrere durchsichtige Eimer und Futterstücke.

– Da der Eimer transparent ist, sieht der Hund immer durch den durchsichtigen Eimer das Futterstück. Aber aufgepasst! Nichts ist hier so, wie es scheint! Zuerst lassen Sie Ihren Hund einmal das Futterstück aus dem Eimer sammeln. Nun aber ändern Sie die Futterposition und geben das Futter unter den durchsichtigen Eimer. Für den Hund scheint es zuerst einmal gleich. Wie lange dauert es, bis er merkt, dass das Futterstück unter dem Eimer ist, er den Eimer umstößt und das Futterstück zur Belohnung fressen kann?

– Liegt der Eimer in Seitenlage, kann man das Futter dann auch mal zur Abwechslung hinter den Eimer legen. Erkennt der Hund dies schnell? Geht er zügig wieder mit dem Kopf aus dem Eimer und um den Eimer herum, um an die Belohnung zu gelangen?

Auch in dieser Lage kann man das Futter unter den Eimer legen anstatt in den Eimer.

– Viel Spaß macht es auch, wenn ein zweiter durchsichtiger Eimer ins Spiel kommt und Sie Futter in den zweiten Eimer werfen, wenn der Hund gerade im ersten Eimer das Futter sucht. Es macht sehr viel Freude, den Hund dabei durch die durchsichtigen Eimer zu beobachten!

– Wenn Ihr Hund im Umstoßen eines Eimers geübt ist, können Sie den durchsichtigen Eimer auch über das Futterstück stellen und dann zuschauen, was Ihr Hund macht.

➢ *Tag 15: Eine wahre Eimer-Rallye!*
Diese Übung vereint alles, was Ihr Hund bisher gelernt hat.

– Sie benötigen für diese Übung einige Eimer oder ähnliche Behälter (Schüsseln, Gartenlaubsäcke, Futtertonnen etc.) und natürlich Belohnungen.

– Bereiten Sie für diese Übung eine Rallye für Ihren Hund vor, indem Sie Eimer unterschiedlich positionieren, mal aufrecht, mal mit der Öffnung seitlich oder auch nach unten geöffnet. Immer positionieren Sie eine Belohnung in den Eimern und lassen nun Ihren Hund danach suchen.

➢ *Tag 16: Ein Eimer wird gerollt!*
Auch hier machen Sie sich wieder eine besondere Eigenschaft des Eimers zunutze: Nämlich die Tatsache, dass der Eimer rollen kann! Mit etwas Ausdauer können Sie Ihrem Hund sogar einen richtigen Trick beibringen, bei dem andere staunen werden!

– Bei dieser Übung benötigen Sie einen Eimer, der sich gut rollen lässt. Das heißt, dass der Henkel am besten nicht so groß ist oder festgeklebt ist. Am besten, Sie testen einmal selbst, ob sich der Eimer auch zum Rollen eignet. Sie können aber für diese Übung auch z. B. einen Blumentopf aus Kunststoff nehmen. Außerdem benötigen Sie genug Futterstücke, die Sie in Ihre Hand nehmen können.

– Um dem Hund das Rollen beizubringen, legen Sie zuerst im Beisein des Hundes ein Futterstück unter den seitlich liegenden Eimer. Zuerst legen Sie das Futterstück ganz vorn an den Eimer. Der Hund muss dazu noch nicht so lange schieben, um an das Futterstück zu kommen. Sagen Sie dem Hund nun, dass er sich das Leckerli holen soll. Loben nicht vergessen, wenn der Hund dies erfolgreich bewältigt!

– Als Nächstes positionieren Sie das Leckerli immer weiter nach hinten, damit der Hund den Eimer immer mehr anstupsen muss. Kann Ihr Hund dies, so legen Sie gleich wieder ein anderes Leckerli aus Ihrer Hand unter den Eimer. Der Hund riecht es und wird den Eimer dann weiterrollen. Auch hier gilt: Ihren Hund immer ordentlich loben! Je schneller Sie Futter nachlegen, umso eher wird Ihr Hund auch den Eimer weiterrollen. Die Abstände beim Nachlegen von Futter können Sie dann langsam nach und nach verlängern und so den Schweregrad der Übung für den Hund erhöhen.

– Einen Trick machen Sie aus der Übung, indem Sie dem Hund ein Kommando wie etwa „Schieb!“ geben und unmittelbar danach auf den Gegenstand zeigen, den der Hund vor sich herschieben soll. Geben Sie ihm den Befehl aber nur, wenn der Hund dies mit ziemlicher Sicherheit als Nächstes tun wird.

– Ist der Hund geübt, können Sie damit beginnen, auch einmal Ihre Position zu wechseln, also z. B. auch mal neben dem Hund gehen.

– Soll Ihr Hund dies mit einem anderen Gegenstand machen, so kann es sein, dass Sie eventuell einige Schritte noch einmal wiederholen müssen, damit der Hund dies auf den neuen Gegenstand übertragen kann.

➢ *Tag 17: Jetzt geht es langsam rund!*

Ihr Hund soll heute lernen, den Eimer zu umrunden, wie etwa auch ein Hütchen. Dies ist nicht nur eine großartige Bewegungs- und Geschicklichkeitsübung für den Hund, sondern kann auch Bezug zum Alltag haben, nämlich dann, wenn der Hund z. B. an der Leine ist und um eine Laterne oder einen Baum gelaufen ist und er wieder zurücklaufen soll, damit es weitergeht und er sich dort nicht verknotet.

Bereiten Sie nun die Übung vor:

• Stellen Sie einen Eimer oder ein Hütchen mit der Öffnung nach unten vor sich auf den Boden oder im Freien auf Gras. In Ihrer Hand haben Sie eine ausreichende Zahl kleiner Futterstücke.

• Überlegen Sie sich nun eine Laufrichtung und bleiben Sie erst einmal dabei. Soll Ihr Hund im Uhrzeigersinn um den Eimer laufen? Dann stellen Sie sich den Kreis des Hundes am besten als eine Uhr vor. Sie stellen sich auf die 6-Uhr-Position und Ihr Hund steht links auf der 7-Uhr-Position. Die Hand zum Führen, in der Sie die Futterstücke haben, ist hierbei die rechte Hand. Soll Ihr Hund gegen den Uhrzeigersinn um den Eimer laufen? Dann stellen Sie sich auch wieder auf die 6-Uhr-Position, der Hund steht nun aber rechts auf der 5-Uhr-Position und die Führhand mit den Futterstücken ist in diesem Fall die linke Hand.

– Nun führen Sie den Hund mit der Hand und dem Futter darin langsam um den Eimer. Am Anfang kann es sein, dass der Hund vielleicht nur ein Viertel des Eimers oder die Hälfte des Eimers umrundet. Dann wiederholen Sie die Übung. Loben nicht vergessen, auch zwischendurch! Am Anfang können Sie auch ruhig mehrere Futterstücke benutzen, damit der Hund den Eimer umrundet. Geben Sie dem Hund dann z. B. bei jeder Viertelumrundung ein Leckerli.

– Wenn der Hund dies kann, geben Sie bei der Übung das Futterstück unbemerkt in die andere Hand und belohnen den Hund dann auch mit der anderen Hand. Die Führhand soll so auch dann für den Hund interessant sein, wenn kein Futter darin ist.

– Als Nächstes können Sie den Abstand zwischen Hand und der Schnauze Ihres Hundes langsam vergrößern. Klappt das, können Sie sich auch immer weiter vom Eimer entfernen, sodass Sie irgendwann nur noch die Bewegung dem Hund andeuten müssen.

– Wenn Sie möchten, können Sie auch noch einen Befehl wie „rechtsherum“ oder „Um den Eimer“ einführen, allerdings immer, bevor Sie dem Hund mit der Hand das Zeichen dazu geben.

– Wenn der Hund auch die andere Richtung lernen soll, werden Sie ihm dies wahrscheinlich auch wieder Schritt für Schritt beibringen müssen, denn der Hund lernt dies nicht automatisch. Auch das Kommando sollte dann ein anderes sein wie etwa „linksherum“.

➢ *Tag 18: Der Eimer-Slalom!*

Diese Übung fordert Geschicklichkeit, Koordination und Wendigkeit Ihres Hundes wie kaum eine andere und lässt sich ebenfalls innen genauso gut durchführen wie draußen!

– Hierzu benötigen Sie mehrere Eimer oder Ähnliches. Draußen können Sie z. B. auch Mülleimer nehmen, Eimer zum Putzen oder Eimer zum Füttern. Besonders, wenn es keine Stangen gibt oder man keine Stangen am Untergrund festmachen kann, ist dies eine schöne Alternative. Drinnen können Sie auch zum Beispiel Blumentöpfe, PET-Flaschen (Diese sind natürlich gefüllt standfester!), Blumen oder Ähnliches verwenden. Leckerli nicht vergessen! Stellen Sie nun die einzelnen Gegenstände so auf, dass mindestens eine Hunde-Rückenlänge Abstand dazwischen ist.

– Mit Ihrer Hand zeigen Sie dem Hund dann den Weg durch den Slalom. Ist der Hund noch nicht so geübt darin, können Sie ihm auch mehrere Leckerlis zwischendurch geben. Belohnung für Ihren Hund ist auch hier selbstverständlich! Der Slalom kann später auch in unterschiedliche Richtungen aufgestellt werden oder Sie laufen einmal mit dem Hund durch den Slalom, mal nebenher usw.

➢ *Tag 19: Der Hund auf dem Podest – mach es wie die Elefanten!*

Ein Eimer wird auch hier wieder zu einem perfekten Turngerät für Ihren Hund, der seine Vorderbeine daraufstellt und sich vielleicht später sogar mit den Hinterbeinen um den Eimer herumdreht!

Sie benötigen hier einen stabilen Eimer, der sehr standfest ist und auf den der Hund auch gut steigen kann. Für kleine Hunde ist eine Schüssel oder eine Tretstufe aus dem Badezimmer besser geeignet. Auf jeden Fall benötigen Sie am Anfang erst einmal ein nicht so hohes Podest.

Bringen Sie Ihrem Hund die Bewegung nun langsam Schritt für Schritt bei:

– Versuchen Sie als Erstes, mit Futter in der Hand den Hund dazu zu bringen, dass er eine oder zwei Pfoten auf ein niedriges Podest setzt. Wenn Sie schon Erfahrung im Clickern haben, können Sie clickern und den Hund belohnen, sobald er sich für das Podest interessiert. Sobald der Hund eine Pfote auf das Podest gesetzt hat, clickern Sie und geben Sie dem Hund auch gleich eine Belohnung. Bei der zweiten Pfote folgt das gleiche Spiel, bis der Hund schließlich beide Pfoten auf dem Podest hat.

– Wenn die Übung nicht gleich funktioniert, nehmen Sie doch erst einmal eine Wolldecke und üben es da. Klappt dies, können Sie die Höhe des Podestes langsam nach und nach erhöhen.

– Beherrscht der Hund dies, ist es an der Zeit, ein Kommando wie „auf!" einzuführen, sodass der Hund dann immer die beiden Pfoten auf das Objekt setzt, das ihm von Frauchen oder Herrchen gezeigt wird.

– Möchten Sie dies mit anderen Objekten, z. B. Baumstämmen im Wald, ausprobieren, sollten Sie nicht erwarten, dass der Hund dies gleich auf Anhieb schon kann. Eventuell müssen Sie ihn dazu wieder Schritt für Schritt anleiten.

– Als Nächstes können Sie nun Bewegung mit ins Spiel bringen. Dazu stellen Sie sich vor den Hund, wenn er mit den Pfoten auf dem Podest ist. Versuchen Sie nun, ihn mit kleinen Schritten zur Seite dazu zu bringen, dass er dies auch tut. Wenn der Hund dies macht, Lob oder Signal durch den Clicker bzw. die Belohnung natürlich nicht vergessen! Langsam nehmen Sie nun die eigene Drehung zurück und führen einen Befehl wie „Dreh Dich!" ein.

– Wenn alles sehr gut funktioniert, können Sie dem Hund im weiteren

Verlauf noch weitere Dinge beibringen, wie etwa die Pfote geben, wenn er die Pfoten auf dem Podest hat (natürlich sollte der Vierbeiner das vorher dann schon mal gelernt haben). Kleine und wendige Hunde kann man vielleicht dazu bewegen, mit allen 4 Pfoten auf das Podest zu gehen und sich dort vielleicht sogar zu drehen, Männchen machen oder sich hinzusetzen. Für schlaue Hunde kann man auch mehrere Podeste nebeneinanderstellen und vielleicht schafft es der Hund sogar, sich von einem Podest zum anderen zu bewegen?

➢ *Tag 20: Der Hund als Helfer, um Ordnung zu schaffen!*
Wir benutzen Eimer auch, um Ordnung zu schaffen, beispielsweise als Papierkorb oder zum Aufbewahren von z. B. Regenschirmen oder anderen Dingen. Warum sollte der Hund Ihnen also nicht dabei helfen, Ordnung zu halten?

– Für den Fall, dass Ihr Hund schon Dinge herbeiholen kann: Stellen Sie den Eimer vor sich. Machen Sie dann das Gleiche, was Ihren Hund sonst dazu bewegt, Ihnen Dinge zu bringen. Halten Sie Ihre Hand dabei über den Eimer, damit der Gegenstand fast von selbst in den Eimer fällt und belohnen Sie den Hund. Besonders anziehend wirkt der Eimer dabei für Ihren Hund, wenn darin noch ein Leckerli versteckt ist. Die Hand ziehen Sie bei den Übungen immer weiter vom Eimer weg, sodass diese irgendwann gar nicht mehr direkt in der Nähe ist.

– Kann der Hund noch nicht so gut Dinge herbeiholen, so benutzen Sie erst einmal das Spielzeug, das er am liebsten hat oder einen Gegenstand, den der Hund gern nimmt, wie etwa ein Kleidungsstück von Ihnen. Meistens legen Hunde diese Gegenstände immer an einen bestimmten Platz, etwa in ihr Körbchen. Dorthin stellen Sie den Eimer (oder am Anfang auch eine kleine Schüssel, das ist leichter!). Läuft der Hund dorthin, werfen Sie ein Leckerli dort in den Eimer oder die Schüssel. Der Hund wird sich nun wahrscheinlich für das Futterstück interessieren und den Gegenstand fallen lassen. Erst einmal ist es daher nicht wichtig, ob der Gegenstand wirklich im Eimer oder in der Schüssel ankommt. Das können Sie so lange üben, bis der Gegenstand in dem Gefäß landet.

– Wenn Sie mehr wollen, können Sie damit beginnen, den Eimer oder die Kiste schrittweise von dem normalen Standort zu entfernen. Der Hund muss die Kiste oder den Eimer dann erst wiederfinden.

– Nun können Sie auch einen Befehl benutzen wie etwa „Einräumen!" oder „Aufräumen!" etc. Besonders geübte Hunde schaffen es auch, mehrere unterschiedliche Dinge in den Eimer zu werfen.

➢ *Tag 21: Wo ist nur der gesuchte Gegenstand?*

Der Hund lernt hierbei, Gegenstände zu unterscheiden und den richtigen Gegenstand zu bringen. Auch hier ist der Eimer ein willkommenes Hilfsmittel.

– Vor der Übung sollten Sie sich überlegen, ob es etwas gibt, was Ihr Hund besonders mag. Vielleicht sind das Ihre Socken? Oder ein Spielzeugknochen? Das werden Sie für diese Übung benötigen. Außerdem noch einen Eimer und andere Dinge, die der Hund nicht ganz so mag. Natürlich dürfen Sie Belohnungen (Leckerli) nicht vergessen!

– Für diese Übung benötigen Sie außerdem noch verschiedenes Spielzeug, Leckerlis und einen Eimer, in den der Hund mit dem Kopf bequem hineinkommt. Das können Sie vorher testen, indem Sie ihn ein Leckerli aus dem Eimer fressen lassen.

– Bestimmen Sie für die Übung ein Objekt, dass der Hund kennt oder sehr wahrscheinlich mag, wie etwa einen Spielknochen.

– Lassen Sie den Hund nun warten oder von einem anderen Helfer festhalten, während Sie den Spielknochen ein paar Meter vom Hund entfernt hinlegen. Wenn der Hund dann zu dem Knochen rennt – was sehr wahrscheinlich der Fall sein wird – loben Sie ihn und tauschen Sie den Knochen gegen Futterstücke aus.

– Wenn Ihr Hund gleich zum Knochen läuft, dann geben Sie ihm einen Befehl wie etwa „Such den Knochen!“ oder „Hol den Knochen!“. Üben Sie dies einige Male mit Ihrem Hund und legen Sie den Hund immer an einer anderen Stelle ab. Immer geben Sie Ihrem Hund ein Futterstück, wenn er zum Knochen läuft.

– Nun können Sie langsam starten, verstecken zu spielen und den Knochen im Beisein des Hundes an unterschiedlichen Stellen verstecken. Das kann die Sofa-Ecke oder auch schon der Eimer sein.

– Nun tun Sie an mehreren Ecken so, als ob Sie den Knochen verstecken. In Wirklichkeit verstecken Sie das Objekt der Begierde jedoch nur an einem einzigen Ort.

– Kann Ihr Hund das, können Sie auch den Knochen verstecken, wenn der Hund nicht im Zimmer ist und ihn dann zum Suchen holen.

– Nun kommt endlich der Eimer ins Spiel: Legen Sie zuerst vor den Augen des Hundes den Knochen zu anderen Gegenständen in den Eimer und lassen Sie ihn suchen. Mit ziemlicher Sicherheit wird er nun den Knochen aus dem Eimer fischen.

– Bringt Ihr Hund auch gern Sachen, können Sie das Apportieren auch mit der Suche verbinden: Werfen Sie den Knochen und geben Sie den Apportier-Befehl („Bring!“). Bringt Ihr Hund den Knochen, bekommt er natürlich wieder eine Belohnung. Nennen Sie dann den Gegenstand beim Namen wie etwa „Knochen auswerfen“ und schicken Sie den Hund dann mit dem entsprechenden Befehl („Bring Knochen!“) los.

– Dann können Sie den Knochen in den Eimer werfen und auch nun den Hund wieder zum Bringen losschicken. Schafft der Hund das, können immer mehr Gegenstände dazukommen. Allerdings sollte der Hund die anderen Gegenstände erst einmal nicht kennen oder anziehend finden, damit sie nicht zu sehr ablenken. Später können Sie dann Gegenstände nehmen, die der Hund mit Namen kennt und schauen, ob er den richtigen Gegenstand bringt.

➢ *Tag 22: Überraschungs-Eimer mit Verkleidung!*

Der Eimer wird bei dieser Übung zu einem wahren Schnüffelobjekt und so für Ihren Vierbeiner besonders interessant. Für diese Übung benötigen Sie einen Eimer, unterschiedliche Leckerlis, verschiedene Verkleidungsgegenstände wie Pullover, Hut oder Hose und Material zum Ausstopfen wie etwa Socken oder Papier.

– Jetzt können Sie bei der Vorbereitung der Übung kreativ sein und den Eimer „verkleiden". Setzen Sie ihm einen Hut auf, ziehen Sie ihm einen Pullover an und formen Sie dem Eimer ein Gesicht (das kann auch aus Leckerli geformt werden!). Die Extremitäten können Sie beispielsweise mit Päckchen, in denen Futter eingewickelt ist, formen. Ist der Hund ängstlich, können Sie es erst einmal mit nur wenigen Verkleidungsgegenständen versuchen.

– Bringen Sie nun überall für den Hund kleine Überraschungen am verkleideten Eimer an und lassen Sie ihn auf Entdeckungsreise gehen!

➢ *Tag 23: Der Aufzug mit Lasten!*

Hier lernt Ihr Hund, eine Last im Eimer an einem Seil hochzuziehen!

– Dass Wichtigste für diese Übung ist es zunächst, ein geeignetes und sicheres Podest zu finden, von dem aus Ihr Hund den Eimer am Seil hochziehen kann. Das kann zum Beispiel die seitliche Kante eines Sofas mit Armlehne sein.

– Geben Sie dem Hund am Anfang nur Futter aus dem Eimer. Den Eimer halten Sie dabei Schritt für Schritt tiefer. Die Hocker, auf denen der Eimer steht, der hochgezogen werden soll, können dazu immer niedriger werden, sodass der Hund länger ziehen muss, um an die Belohnung im Eimer zu kommen.

➢ *Tag 24: Noch mehr Spielideen zum Ausprobieren!*

Am 24. Dezember können Sie sich dann für Ihren Hund noch einmal zusätzlich eine ganz besondere Übung aussuchen. Hier noch ein paar mehr Vorschläge:

Schau dem Futter nach!

Der Eimer wird bei dieser Übung zum Helfer, um bei dem Hund die Kontrolle seiner Impulse zu üben. Das hilft Ihnen auch im Alltag, denn ein Hund, der sich gut im Griff hat, lässt sich von seinem Besitzer auch besser steuern. Im Alltag können Sie sich dann auch besser auf ihn verlassen.

– Für diese Übung brauchen Sie nur einen Eimer und ein Reizobjekt für den Hund. Das kann ein Leckerli oder auch ein Spielzeug sein.

– Der Eimer wird etwa 2 m entfernt von Hund und Mensch aufgestellt. Hier ist es entweder möglich, dass der Hund an der Leine ist, damit er zurückgehalten werden kann, oder jemand steht beim Eimer und hebt ihn hoch, wenn der Hund zu früh starten möchte.

– Sie geben Ihrem Hund nun das Kommando, an seinem Platz zu bleiben. Sie probieren jedoch, ihn abzulenken, indem Sie einen Ball oder ein Futterstück in den Eimer werfen. Belohnen Sie Ihren Hund gleich, wenn er nicht sofort der Versuchung nachrennt und an seinem Platz bleibt.

– Nach ein paar geworfenen Futterstücken oder Bällen darf der Hund dann loslaufen und sie fressen bzw. auflesen.

Ihr Hund als lebende Tragetasche!

Wie Sie sicher schon bemerkt haben, so haben Eimer auch Henkel. Wenn der Eimer zu dem Hund passt, dann ist er auch gut in der Lage, den Eimer mit seiner Schnauze zu tragen.

– Für diese Übung benötigen Sie einen Eimer in der richtigen Größe. Dieser sollte idealerweise um einiges kleiner sein als Ihr Hund, denn er soll beim Tragen nicht über den Eimer stolpern.

– Bereiten Sie den Henkel des Eimers so vor, dass Ihr Hund ihn ohne Probleme fassen kann. Dies können Sie zum Beispiel tun, indem Sie den Henkel des Eimers mit einem Klebeband festmachen, damit er aufrecht steht. Dann kann der Hund ihn mit der Schnauze besser greifen. Es hilft auch, für diese Übung eine Socke am Henkel festzuknoten. Dann kann der Henkel vom Hund besser gegriffen werden und er scheppert nicht, wenn der Eimer herunterfällt.

– Sollte Ihr Hund schon einen Befehl beherrschen wie etwa „nimm", wenn er etwas in die Schnauze nehmen oder tragen soll, können Sie versuchen, mit den Fingern auf den Henkel zu zeigen und den Hund so dazu zu bringen, dass er den Henkel nimmt.

– Sollte dies nicht sofort gehen, können Sie es mit dem Hund anders versuchen:

Hat Ihr Hund Erfahrung mit dem Clicker, so dürfte es nicht so schwer sein, ihm dies beizubringen. Hat Ihr Hund Interesse am Eimer, clickern Sie und belohnen Sie Ihren Hund dann mit einem Leckerli. Nun clickern Sie immer mehr in Richtung auf den Henkel des Eimers und belohnen den Hund wieder. Es wird wahrscheinlich nicht lange dauern, bis Ihr Hund den Henkel ins Maul nimmt. Je besser Ihr Hund das kann, desto mehr können Sie den Henkel nach unten in seine normale Position bringen.

Wenn der Hund den Eimer mit der Schnauze hebt, dann clickern Sie und belohnen den Hund. Dies machen Sie so lange, bis der Hund den Eimer vollkommen hochhebt. Im nächsten Schritt können Sie sich dann mehr und mehr vom Hund entfernen und den Hund dazu auffordern, mit dem Eimer mit Ihnen zu gehen. Auch hier heißt es wieder: Clickern und belohnen, auch wenn der Hund nur 1 oder 2 Schritte mitgeht. Oder Sie stellen den Eimer dann immer weiter von Ihnen entfernt auf und hoffen, dass er dann für eine Belohnung mit dem Eimer zu Ihnen kommt.

Auch, wenn Ihr Hund das Clickern nicht gewohnt ist, können Sie in ähnlicher Weise vorgehen. Versuchen Sie erst einmal, Ihrem Hund vorzuführen, was er in dieser Übung machen soll. Das funktioniert vielleicht nicht ganz, aber denken Sie trotzdem an die Belohnung mit Futterstücken, auch wenn der Hund erst einmal nur am an dem Henkel schnuppern sollte, ihn in die Schnauze nehmen sollte oder ihn auch nur vor sich her schubsen sollte. Um dem Hund einen zusätzlichen Reiz zu geben, können Sie versuchen, sein Lieblingsspielzeug am Henkel festzumachen und ihm sagen, dass er sein Lieblingsspielzeug holen soll oder es zumindest mal in seiner Schnauze halten soll.

– Beherrscht der Hund die Übung, so können Sie ihn auch als „Kurier“ einsetzen, indem er den Eimer von einer Person zur anderen trägt.

Die Eimer-Schublade!

Dieses großartige Denksportspiel macht ebenfalls sehr viel Spaß!

– Für diese Übung stellen Sie den Eimer – am besten mit der Hilfe von Papprollen, die darunter liegen oder Ähnlichem – etwas in Schräglage. Darunter legen Sie einen Deckel mit einem Futterstück, den der Hund am Seil herausziehen soll. Vorher erlauben Sie Ihrem Hund aber noch, an dem Futterstück zu schnüffeln, das in den Deckel kommt. Auch kann es sinnvoll sein, den Hund mehrmals aus dem Deckel ein Futterstück fressen zu lassen. Dann weiß der Hund, dass da etwas in der Schachtel ist, was er gernhat.

– Wenn Sie den Deckel unter dem Eimer verstecken, fängt der Denksport für Ihren Hund an. Halten Sie den Eimer am besten erst einmal fest, damit er nicht im Zimmer herumfliegt. Schafft Ihr Hund es, die Schachtel mit der Belohnung mit den Pfoten oder der Schnauze herauszuziehen? Wenn Ihr Hund es nicht gleich schafft, die ganze Schublade herauszuziehen, können Sie erst einmal die Schachtel nur halb in den Eimer stellen, damit der Hund sie besser hervorziehen kann.

Noch mehr Eimer-im-Eimer-Varianten!

Ihr Eimer kann aber noch viel mehr! Lassen Sie sich hiervon inspirieren:

– Sie brauchen einen kleineren und einen großen Eimer, dazu eine kleine Schale, Futterstücke und einen Putzlappen oder ein Handtuch.

– Stellen Sie die Schale mit dem Futterstück in den großen Eimer. Den kleinen Eimer stellen Sie dann darüber und ziehen den Putzlappen oder das Handtuch durch den Henkel des kleineren Eimers und legen es über die Öffnung des größeren Eimers.

– Ihr Hund kann dann das Putztuch vom großen Eimer ziehen oder den großen Eimer umwerfen und dann den kleinen Eimer aus dem Henkel herausziehen. Oder er schubst und rollt den Eimer so lange, bis die Schale mit dem Futterstück herausfällt.

Eine Pyramide aus Eimern:
Dies ist ebenfalls ein riesiger Spaß für Ihren Vierbeiner!

– Bauen Sie für diese Übung eine Pyramide aus Eimern. Wenn Sie durchsichtige Eimer benutzen, so sieht der Hund die Futterstücke sogar schon, er muss sich aber dennoch anstrengen, um die Eimer-Pyramide einstürzen zu lassen.

– Starten Sie erst einmal nur mit einer Pyramide aus zwei Teilen, die übereinandergestapelt sind. Dann können Sie den Schwierigkeitsgrad allmählich steigern, indem Sie immer mehr Dinge dazunehmen. Denken Sie aber an die Wolldecke oder machen Sie die Übung auf einem Teppich, damit das Geräusch beim Umfallen der Pyramide nicht zu laut ist.

Lustiger Eimer-Quatsch!
Diese Übung ist individuell!

– Schauen Sie, ob Ihr Hund irgendwann einmal eine schöne Position beim Eimer einnimmt. Er kann z. B. seine Vorderpfoten und seinen Kopf auf den Eimer legen. Mit dem Clicker und einer Belohnung können Sie nun den Hund dazu verleiten, die Übung auch dann von selbst auszuüben, wenn er einen Befehl wie z.B. „Mach Quatsch!“ hört. Sie werden staunen, was Ihr Hund so alles kann!

Fröhliche Objektsuche im Eimer!

Bei dieser Übung soll der Hund lernen, Dinge im Eimer zu finden.

– Nehmen Sie für die Übung z. B. einen Ihrer Schlüssel, den der Hund in einer Reihe Eimer finden soll. Indem der Hund den Eimer anstarrt, zeigt er Ihnen seinen Fund an. Die Futter-Belohnung geben Sie Ihrem Hund am besten direkt über dem Schlüssel im Eimer.

– Probieren Sie es erst mit einem Schlüssel in einem der Eimer, dann soll der Hund jeden Eimer nach dem „persönlichen" Schlüssel absuchen. Steigern Sie den Schwierigkeitsgrad, indem Sie andere Schlüssel zur Ablenkung des Hundes in die anderen Eimer geben.

– Später können Sie Ihren Hund auch einmal kurz an einem ihm unbekannten Schlüssel riechen lassen, den er dann unter anderen Schlüsseln in den Eimern finden und anzeigen soll. Auch hier gilt natürlich: Belohnung ist wichtig!

Wasser transportieren!

In der Regel läuft kein Wasser aus Eimer, daher kann der Hund ihn wunderbar zum Wassertransport nutzen. Hier soll Ihr Hund einen Gegenstand aus einem Eimer fischen, der mit Wasser gefüllt ist. Da das besonders am Anfang eine nasse Angelegenheit ist, sollten Sie die Übung am besten draußen machen, auch wenn es mal kälter sein solle. Nebenbei ist die Übung auch noch super für das Training an der Leine geeignet, denn auch im Alltag kann es passieren, dass Sie einmal mehrere Dinge (z. B. Einkaufstüten, einen Regenschirm) in der Hand haben.

– Benötigt werden hierfür ein Eimer, der mit Wasser gefüllt ist, und eine Schöpfkelle, außerdem für die Laufstrecken Markierungen.

– Machen Sie es zuerst Ihrem Hund vor: Transportieren Sie eine Schöpfkelle voll Wasser aus einem Eimer zu einer anderen Stelle und lassen Sie Ihren Hund dabei an der Leine. Am besten geht das erst einmal im Viereck. Dazu sollten Sie die Schöpfkelle in der freien Hand und nicht in der Hand tragen, mit der Sie die Leine Ihres Hundes halten. So trifft es nicht den Hund, wenn einmal Wasser überschwappt.

– In der Kelle soll am Schluss möglichst viel Wasser sein.

– Wenn Sie noch andere Hundehalter kennen, so können Sie auch gern einen Wettstreit daraus machen: Markieren Sie die Stelle, die die Hunde zurücklegen sollen, mit zwei Behältnissen.

– Für diese Übung gibt es auch noch einige Varianten wie etwa:

• Ein mit Wasser gefüllter Eimer ist hier der Startpunkt der Übung und ein leerer Eimer oder ein Messbecher stellt den Endpunkt der Übung dar. Jeder, der mitmacht, darf mit seinem Hund nun eine bestimmte Anzahl Versuche wagen. Die Zeit ist dabei eher nicht wichtig, gewonnen hat, wer am meisten Wasser befördert hat.

• Noch schwerer wird es, wenn dabei ein Parcours aufgebaut wird, in dem die einzelnen Hunde-Teams Hindernisse überwinden oder im Slalom laufen sollten.

Spezialmissionen mit dem Eimer!
Lassen Sie einfach einmal Ihre Fantasie spielen, es gibt so viele (teilweise noch unentdeckte) Übungen, die Sie mit Ihrem Hund machen können. Hier einige Ideen, wie man die oberen Übungen noch erweitern kann:

– Geben Sie ein Futterstück in eine Tüte aus Papier und legen Sie diese unter einen umgedrehten Eimer. Oben auf den entsprechenden Eimer legen Sie dann ein Spielzeug, das Ihr Hund gern mag. Der Hund soll nun das Spielzeug nehmen, es in einen anderen, leeren Eimer werfen, den Eimer mit der Belohnung umwerfen und sich dann die Belohnung im großen Eimer nehmen.

– Mit dem Hund können Sie auch so etwas wie „Tischlein deck Dich“ spielen, besonders, wenn Ihr Hund gern Dinge trägt wie etwa Zeitungen. Sie können einen Eimer über den Futternapf Ihres Hundes stülpen. Den Henkel können Sie dabei so positionieren, dass er für den Hund gut zu fassen ist. Der Hund soll nun den Eimer umkippen, um an das Essen zu kommen. Ein wunderbares Gedächtnistraining, von dem Ihr Hund dann auch etwas hat!

– Den Eimer können Sie auch als Hilfsmittel benutzen, um Ihrem Hund etwas beizubringen:

• Das Signal „Grün“ bedeutet z. B., dass der Hund die rechte Vorderpfote auf den Eimer stellen soll.

• Das Signal „Yellow“ bedeutet, dass der Hund die linke Vorderpfote auf den Eimer stellen soll.

• Das Signal „Arriba“ bedeutet, beide Vorderpfoten auf den Eimer drauf stellen

• Das Signal „Merci“ signalisiert dem Hund, dass er sich verbeugen soll bzw. einen Diener machen soll.

• Das Signal „Around“ zeigt dem Hund an, dass er den Eimer im Uhrzeigersinn umrunden soll.

• Das Signal „Circle“ gibt dem Hund den Befehl, gegen den Uhrzeigersinn den Eimer zu umrunden.

Das ist selbstverständlich noch nicht alles, was Sie mit einem Eimer anstellen können, um Ihren Hund zu fördern. Seien Sie einfach kreativ und bedenken Sie: Schon die kleinste Änderung kann für Ihren Vierbeiner eine neue Herausforderung sein und ihn wirklich fördern.

FRÖHLICHES DENKSPORTTRAINING IM SCHNEE

Auch im Winter können Sie mit dem Hund Denksporttraining machen. Selbstverständlich sollten Sie beim Training mit dem Hund im Schnee einige Dinge beachten:

• Normalerweise ist Ihr Hund bei Kälte geschützt und mag es auch, im

Schnee herumzutollen. Dennoch ist es sinnvoll, dem Hund zum Schutz einen Schutzmantel anzuziehen. Sie selbst kennen Ihren Hund am besten. Friert Ihr Hund (wenn er sich beispielsweise im Schnee ausruht und eine Pause macht), sollten Sie ihm auf jeden Fall etwas zum Schutz überziehen.

- Achten Sie darauf, dass der Hund die Standard-Kommandos beherrscht und sich nicht zu sehr von Ihnen entfernt, denn das ist gerade im Schnee wichtig, damit der Hund sich nicht in Gefahr begibt.

- Achten Sie darauf, dass der Hund nicht zu viel Schnee schluckt. Wenn Sie im Schnee den Ball werfen, wird Ihr Hund normalerweise viel Schnee mit aufnehmen. Bälle wiegen normalerweise viel und fallen gleich nach unten. Sie landen daher meist im Schnee und wenn Ihr Hund den Ball holen möchte, wird er zwangsläufig auch Wasser aufnehmen. Nimmt man aber ein Frisbee, ist dies nicht ganz so viel. Besonders sollten Sie darauf achten, dass Ihr Hund nicht so viel Schnee aufnimmt, wenn Sie wissen, dass dort Streusalz gegen die Glätte eingesetzt wird. Dies kann sogar bis zu Durchfällen, Erbrechen und Gastritis (Magenentzündung) beim Hund führen, wenn er dies mit dem Schnee zu sich nimmt.

- In der Kälte ist der Grundumsatz des Hundes größer, daher benötigt er im Schnee auch mehr Futter.

- Bereiten Sie den Hund vorher richtig auf den Schnee vor, indem Sie seine Pfoten besonders pflegen und mit Pfotenbalsam einschmieren. So sind die Pfoten weicher und es legt sich ein Schutzfilm über die Pfoten Ihres Hundes.

- Nach dem Training im Schnee sollten Sie die Pfoten mit lauwarmem Wasser waschen. War der Hund lange draußen, können Sie ihm auch ein Pfotenbad anbieten. Dies können Sie im Fachhandel oder online kaufen.

Im Schnee lässt sich auf jeden Fall wunderbar Denksporttraining betreiben! Hier ein paar Vorschläge für Denksport-Stationen in kalten Schneetagen, die Sie entweder einzeln oder auch bei fortgeschrittenen Hunden in Kombination durchführen können:

– Schnee-Iglus eignen sich wunderbar zum Versteck von Futter.

– Schnee-Podeste laden dazu ein, dass der Hund darauf klettert und dort dann seine wohlverdiente Belohnung bekommt.

– In Eisbällen können Sie gut Futter zum Erschnüffeln verstecken. Hier aber unbedingt drauf achten, dass Ihr Hund den Schnee nicht frisst, sondern ihn nur auseinander wirbelt, um an das Futterstück zu kommen. Am Anfang sollte man die Schneebälle nicht sehr groß machen und darauf achten, dass der Schnee nicht so fest ist, damit der Hund auch den Schnee wegstoßen kann, um an das Futter zu kommen. Schwieriger wird das Ganze noch, wenn Sie mehrere Schneebälle nehmen, aber nur in einem Schneeball das Futterstück eingerollt ist.

– Schneemänner, in denen Futter in für den Hund greifbarer Höhe versteckt ist.

– Eine Schneewippe aus einem Schneeball und einem Brett, auf das der Hund gehen soll. Dies trainiert den Gleichgewichtssinn des Hundes.

– Man kann für den Hund Pakete mit Futter vorbereiten (z. B. mit Toilettenpapierrollen oder kleinen Schachteln) und den Hund das Futter hier auspacken lassen. Dies könnte beispielsweise so aussehen:

Sie sehen, gerade im Winter braucht der Hundedenksport nicht vernachlässigt zu werden. Im nächsten Kapitel geht es dann darum, wie der Hundedenksport gut in den Alltag integriert werden kann.

DENKSPORT FÜR HUNDE IM ALLTAG

Denksport mit Blumentöpfen

Dieses Spiel ist ein Spaß für die ganze Familie und sicher kennen Sie das Prinzip auch schon z. B. von Vorführungen, bei denen erraten werden soll, wo sich ein Gegenstand befindet.

Blumentöpfe eignen sich für diese Übung am besten, da sie oben ein Loch haben und Ihr Hund dadurch den Blumentopf, unter dem das Leckerli versteckt ist, besser finden kann. Der Hund soll Ihnen hier den richtigen Topf mit dem Futterstück anzeigen.

– Im ersten Schritt soll der Hund lernen, den Topf entweder mit der Schnauze oder mit der Pfote zu berühren. Hier spielt es keine Rolle, ob der Hund dazu die Pfote oder die Schnauze benutzt. Legen Sie dazu ein Futterstück unter den Topf, der in der Nähe des Hundes platziert wird. Berührt der Hund den Topf mit den Pfoten, so wird er gelobt und darf das Futterstück fressen. Halten Sie dazu auf jeden Fall den Topf fest, damit der Hund lernt, ihn nur mit der Pfote anzuzeigen und er ihn nicht wegdrückt.

Indem Sie die Pfote oder den Topf antippen, können Sie den Hund auch etwas aus der Reserve locken. Kratzt der Hund zu sehr am Topf, können Sie ihn blocken, indem Sie die Hand kurz an seinen Brustbereich legen. Wenn Sie mit dem Clicker arbeiten, kann dieser hier auch sehr gut eingesetzt werden. Es macht dann „klick“, der Topf geht hoch und der Hund bekommt das Futterstück als Belohnung.

– Im zweiten Schritt nehmen Sie dann einen zweiten und dritten Topf dazu. Um nicht durcheinanderzukommen, können Sie den Topf mit dem Futterstück markieren, beispielsweise mit einem Herzen. Halten Sie auch hier die

Blumentöpfe fest, damit der Hund lernt, dass er sie nicht umwerfen, sondern den Topf mit dem Futterstück anzeigen soll. Wenn dies am Anfang zu schwer für den Hund ist, können Sie den Topf auch einfach mal hochheben oder den Topf antippen, um dem Hund etwas zu helfen und ihn weiter zu motivieren. Ergänzen Sie bei dem Denkspiel hier am besten das Wort „Such" durch „Such Pfote" oder „Such Futter", damit der Hund erkennt, dass er hier etwas Bestimmtes machen soll. Normalerweise kennen Hunde das Wort „Such" schon und sie sollen dabei agil sein. Hier ist aber etwas anderes gefragt und das soll der Hund merken.

– Kann der Hund das, können Sie die ganze Familie einbeziehen: Wirbeln Sie dazu die Töpfe auseinander und lassen Sie die Familie raten, unter welchem Topf wohl das Futterstück versteckt ist. Liegen Sie richtig, so bekommen Sie als Belohnung z. B. einen Keks oder einen Bonbon. Findet der Hund den richtigen Topf, bekommt er natürlich das Futterstück als Belohnung. Je mehr Töpfe Sie nun verwenden, umso schwerer wird dies für den Hund. Am Ende, wenn der Hund die Übung verstanden hat, können Sie die Töpfe auch vor dem Hund immer wieder vermischen.

6 wunderbare Indoor-Spiele für Hunde

Auch in kleineren Wohnungen können Sie wunderbar täglich und mit einfachen Mitteln Denksport-Aufgaben mit Ihrem Hund trainieren. Hier einmal sechs Beispiele:

Signale erlernen, üben und halten:

Ja, auch das ist Kopfarbeit! Wenn Ihr Hund die Grundbefehle „Platz!", „Sitz!" oder „Steh!" schon kennt, variieren Sie diese doch einmal! Gehen Sie beispielsweise mal rechts, mal links um Ihren Hund, wenn er liegt, steht oder sitzt oder wählen Sie einmal eine andere Position (knien Sie nieder, wenden Sie sich von Ihrem Hund ab …). Das Gute hier ist, dass Sie diese Übungen ganz individuell an Ihren Hund anpassen können. Auch können Sie Ihrem Hund die Signale mal als Sicht- und mal (indem Sie sich abwenden) als

Hörzeichen geben. Auch das schafft Abwechslung und ist für den Hund Denksport. Auch das Halten von Signalen können Sie mit unterschiedlichen Ablenkungen (z. B. ein Ball rollt an ihm vorbei und er bleibt liegen) üben.

Lenken durch Körpersprache:
Der Hund lernt beim Denksporttraining erst einmal auf kleinen Distanzen. So können Sie beispielsweise innen mit Ihrem Hund üben, einen Slalom und kleine Hütchen zu laufen etc. Wie das gehen kann, wurde hier schon öfter beschrieben.

Kontrollierte, koordinierte und konzentrierte Schulung des Körpers:
Schon mit einer einzigen Klappkiste können Sie im Haus viel mit Ihren Hunden üben. Der Hund kann z. B. in die aufgeklappte Kiste steigen, über die zugeklappte Kiste gehen, sich auf der zugeklappten Kiste drehen und vieles mehr. Das Ziel ist es auch hier, die Übungen ruhig und bewusst auszuführen. Ist der Hund fortgeschritten, kann zum Beispiel auch ein Erdnussball benutzt werden.

Einstudieren von Tricks:
Viele haben wir schon kennengelernt bzw. haben Sie sicher auch schon einmal gesehen, wie etwa Pfote geben, Männchen machen, Winken, Pfoten heben, Dinge mit der Pfote berühren, auf die Seite legen, „Toter Mann“ spielen, verbeugen, sich drehen, durch die Beine laufen, den Kopf verstecken oder auflegen … die Liste lässt sich hier noch fortführen. Sie sollten hier Ihrem Hund aber das Signal „Nase“ oder „Pfote“ beibringen, denn wenn Sie ihn beispielsweise mit dem Futter locken, hat er nur das Futter im Kopf. Er bemerkt dann aber kaum, was er eigentlich da macht. Das Signal sollten Sie – wie schon oft hier beschrieben – erst einführen, wenn der Hund die

Bewegung kann. Sagen Sie es dann immer, kurz bevor Sie Ihrem Hund die Hand anbieten. Wenn Sie mögen, können Sie Ihrem Hund auch Dinge beibringen, die im Alltag helfen, wie etwa das Umlaufen von Hindernissen oder Öffnen von Türen. Auch davon wurde hier schon gesprochen.

Apportieren:

Auch hierüber wurde schon gesprochen. Am besten übt man dies mit einem Futter-Dummy und übt in zwei Teilschritten einmal das Ins-Maul-Nehmen und dann das Bringen.

Arbeit mit der Nase:

Das Suchen von Futter fällt Ihrem Hund sicher nicht schwer, schwerer wird es dann schon, wenn er es erst anzeigen soll, bevor er es frisst. Man kann Hunden aber auch beibringen, bestimmte Düfte in geschlossenen Gläsern zu erkennen und die Nase an das richtige Glas zu halten. Das wurde hier aber auch schon im Kapitel Nasenarbeit beschrieben. Variieren Sie hier ruhig öfter, denn jeder neue Duft bedeutet Denksport!

Was beim Densporttraining mit Hunden nicht verwendet werden sollte

Auch beim Denksport gibt es einige Dinge, die man nicht machen oder anwenden sollte. Schließlich soll das Training dem Hund auch noch Freude bereiten.

Wer die Wahl hat, der hat die Qual. Es gibt unzählige Hilfsmittel oder Spielzeuge für Hunde. An dem Angebot mangelt es normalerweise in keiner Weise, es gibt sie in allen Formen und Größen. Dennoch gibt es hier einige Regeln und Gegenstände, die beim Denksporttraining nicht gleich Anwendung finden, die man beachten sollte.

Das Angebot an Trainingsmitteln ist sehr groß und nimmt täglich zu. Da ist es tatsächlich manchmal sehr schwer, das Richtige für den Hund zu bekommen. Da gibt es viele sinnvolle und nützliche Dinge, aber auch tierschutzwidrige und unzulässige Hilfsmittel. Das Angebot ist da sehr groß. Wie jedoch können Sie sicherstellen, dass Ihr Hund geeignete Hilfsmittel bekommt, die ihn individuell fördern? Denn nicht immer ist klar, wie genau die Hilfsmittel angewendet werden sollen und auch die Umsetzung ist in der Regel doch um einiges schwieriger, als es vielleicht noch vor einigen Jahren war.

In diesem Kapitel sollen Sie Anregungen dazu finden, welche Hilfsmittel beim Denksport hilfreich sind und welche manchmal sogar gegen Tierschutzrecht verstoßen.

Schütteldose, Wurfkette und Co.

Schütteldosen und Wurfketten sollen den Hund dazu bringen, unerwünschtes Verhalten zu unterlassen. Die Tiere sollen verstehen, wie sie sich nicht verhalten sollen. Hört der Hund das Klingeln einer Schütteldose oder wird eine

Wurfkette geworfen (beides gibt es im Onlinehandel zu kaufen), so unterlässt der Hund im Idealfall das Verhalten, das der Besitzer oder die Besitzerin nicht wünscht. Zumindest ist dies die Vorstellung vieler Hundehalter, die diese Strafreize dazu nutzen wollen, dem Hund unangebrachtes Verhalten abzugewöhnen. Auch, wenn dies ebenfalls ein Trainingsmittel ist und so dem Hund richtiges Verhalten beibringen soll – diese Dinge fördern nicht den Intellekt des Hundes und führen auch nicht dazu, dass er versteht, warum der Hundehalter etwas möchte. Denn diese Dinge bestrafen den Hund auf eine Weise, die dem Hund zumindest unangenehm ist.

Wenn Sie noch nicht davon gehört haben: Eine Schütteldose ist eine Dose, in der verschiedene kleine Gegenstände sind. Wenn diese Dose geschüttelt wird (nämlich immer dann, wenn der Hund etwas falsch macht) so erzeugt diese ein lautes, klirrendes Geräusch, das für den Hund sehr unangenehm ist. Der Hund soll dadurch erschreckt werden (wenn man sie in die Nähe des Hundes wirft oder diese in der Nähe des Hundes laut schüttelt) und dieser soll so das unerwünschte Verhalten unterlassen. Leider wissen viele Hundehalter nicht, was sie dadurch bei dem Tier auslösen und dass der Einsatz von Schütteldosen sogar bestraft werden kann.

Für ein Denksporttraining mit dem Hund eignet sich die Schütteldose auf keinen Fall, denn das Geräusch verschreckt das Tier, weil es den Ton zudem noch viel lauter hört als ein Mensch. Für Denksporttraining ist es aber von größter Bedeutung, dass der Hund selbst mitmacht und von sich aus merkt, wie er zum Beispiel eine Tätigkeit wie das Öffnen einer kleinen Tür ausüben muss, um an die Belohnung zu kommen. Nur so hat der Hund Spaß am Denksporttraining und macht dabei auch mit. Der Hund wird durch den unangenehmen Reiz (das laute Geräusch) nur verschreckt und ängstlich, evtl. tut es ihm sogar weh. Das kann nicht dazu führen, dass der Hund entspannt ist und aus seinem Verhalten lernt. Lernen – das kennen wir vom Menschen – heißt auch die Suche nach Alternativen. Der Hund braucht für den Denksport die Möglichkeit, sich mit der Situation auseinanderzusetzen und einen geeigneten Lösungsweg zu finden (z. B. wie er an das Leckerli kommt)

Eine Wurfkette – die auch „Trainings Disc“ genannt wird – hat einen ähnlichen Effekt auf den Hund. Das Metallgeräusch der Kette soll dabei das verneinende Kommando für den Hund unterstützen. Es sind insgesamt 5 Metallscheiben, die leicht gebogen wurden und die man zu einem Ring an einem Nylonband befestigt hat. Immer, wenn der Halter sie auf den Boden wirft oder einfach fallen lässt, erzeugen sie ein scheppерndes, metallisch klingendes Geräusch. Vergleichen kann man das vielleicht mit der Situation, wenn man einem Kind eine sogenannte „Backpfeife“ gibt oder er schlägt.

Verängstigte Kinder sind auch nicht in der Lage, etwas Neues zu lernen und genauso geht es dem Hund. Eine Wurfkette klingt immer gleich und sie setzt sich aus zwei ca. 14 cm langen Ketten zusammen, die mit zwei verchromten Ringen zusammengehalten werden. Für den Hund ist das Geräusch einer Wurfkette äußerst unangenehm, wodurch es sich nicht dazu eignet, seine Intelligenz zu fördern.

Das Schwierige bei diesen „Erziehungshilfen“ ist es auch, dass die meisten Hundehalter hier erst mit einer doch recht geringen Intensität anfangen. Führt dies nicht zum Erfolg, so wird die Intensität immer weiter erhöht, damit der Hund überhaupt das Verhalten lässt, dass er nicht an den Tag legen soll. Die Hilfen werden öfter mit gesteigerter Intensität hintereinander eingesetzt und auch die Stimmer des Hundehalters wird immer lauter. Und somit beginnt ein regelrechter Teufelskreis, der sowohl beim Hund als auch beim Hundehalter zu reichlich Frust und Unverständnis führt. Der Hund lässt das Verhalten, weil das Geräusch für ihn unangenehm ist oder ihm sogar wehtut. Er lässt es aber nicht, weil er eingesehen hat, dass das Verhalten so nicht richtig ist. Er lernt also nicht etwas, sondern lässt es vielleicht nur, weil er (zumindest für den Augenblick) verschreckt ist. Zudem hat es – besonders für einen sensiblen Hund – auch psychische Folgen, die ihn auch traumatisieren können.

Einen gleichen Effekt können Wasserpistolen haben, die auch sehr gern in der Hundeerziehung eingesetzt werden. Besonders für Hunde, die Wasser nicht mögen, ist dies unangenehm. Es kommt bei dem Hund zu negativen

Gefühlen, zu Stress, Unsicherheit und Meidungsverhalten. Alles Faktoren, die ein Denksporttraining verhindern oder es zumindest sehr erschweren.

Auch Sprühhalsbänder sind für den Denksport mit dem Hund denkbar ungeeignet. Es gibt sie in unterschiedlichen Varianten, etwa mit Wasser, Luft oder Zitronenduft. An dem Halsband ist ein kleiner Behälter angebracht, der durch ein Mikrofon oder per Funk gesteuert wird und dann einen kleinen Sprühstoß abgibt. Manchmal wird der Sprühstoß auch nur durch eine laute Stimme ausgelöst. Das kann einen Hund schon sehr traumatisieren und wird sicher nicht dazu beitragen, dass der Hund etwas lernt. Und die Beziehung zu dem Hund kann dadurch auch nachhaltig gestört werden, insbesondere, wenn der Hundehalter den Sprühstoß von der Ferne auslöst und gar nicht wirklich mitbekommt, wie der Hund darauf reagiert. Auch kann es sein, dass der Hund abgelenkt wird und die „Strafe“ gar nicht mit dem unerwünschten Verhalten verknüpft. Sieht der Hund beispielsweise einen Artgenossen, so kann es sein, dass er die Strafe damit verbindet und nicht mit dem unerwünschten Verhalten.

Wichtig für den Denksport ist also vor allem: Der Hund soll den Denksport freiwillig machen und zu nichts gezwungen werden, denn sonst erbringt das Denksporttraining nicht den gewünschten Erfolg.

Zusammenfassung

Denksport ist nicht nur für uns Menschen, sondern auch für Tiere sehr wichtig, damit sie geistig gesund und fit bleiben. Ähnlich wie beim Menschen, so trägt auch Denksport für Tiere dazu bei, dass die Vierbeiner ausgeglichen sind und sich nicht langweilen. Jedoch bereitet Denksport nicht nur für Hunde viel Freude, auch der Hundehalter oder die Hundehalterin profitieren davon: Es fördert die Beziehung von Hund und Mensch, hält den Hund fit und sorgt dafür, dass der Hund umgänglicher ist und weniger Dinge im Haus anstellt, die Sie nicht wünschen. Auch bereitet Denksport den Hund wunderbar auf notwendige Dinge im Alltag wie etwa Körperpflege oder das Verhalten bei Spaziergängen (Stehenbleiben an einer Ampel, Vorbeigehen an anderen Hunden etc.) vor.

Denksport für Hunde ist nicht schwer und man benötigt dafür auch nicht viele Dinge, es reichten einfache Gegenstände wie ein Eimer oder Stuhl, mit denen man die Gehirnzellen der Vierbeiner richtig auf Trab bringen kann. Für Hunde genügen einfache Veränderungen im Bewegungsmuster oder bei den Gegenständen, um sie zu fordern. Schon eine gering abweichende Größe oder Form der benutzten Gegenstände fordert Hunde, die alles noch viel detailgenauer wahrnehmen, als wir Menschen es tun.

Mit Gehirnjogging kann man bei Hunden immer anfangen, es ist nie zu spät und Sie werden sehr erstaunt sein, was Ihr Hund alles noch lernen kann. Wichtig beim tierischen Gehirnjogging ist es, regelmäßig mit dem Hund zu üben und ihn auch für jede erfolgreich verrichtete Aufgabe zu loben und zu belohnen. Ob draußen beim Spaziergang oder drinnen in der Wohnung: Hundedenksport macht einfach Spaß, lässt sich immer in den Alltag integrieren und Ihr Vierbeiner wird es Ihnen danken!

Quellen

SPASS-MIT-HUND | Die Seiten wider die Langeweile und den grauen Hund-Alltag (spass-mit-hund.de)

Denksport (michis-hundeseite.info)

Warum Hundesport – Melly and Friends (melly-and-friends.de)

Warum Hundesport? – YOUR DOG Hundemagazin (yourdogmagazin.at)

Unzulässiges Trainingszubehör und Hilfsmittel | ZooRoyal Magazin

Adventskalender-fuer-Hunde-basteln-Rinti-selber-machen-MrsBerry-DIY-Blog_17-772x515.jpg (772×515)

Eimer! Alles im. 24 plus x Spielideen rund um einen gewöhnlichen Haushaltsgegenstand. ...aus den Beiträgen des SPASS-MIT-HUND-Adventskalenders PDF Kostenfreier Download (docplayer.org)

Hund richtig beschäftigen – Wie du Spaziergänge spannend gestaltest – YouTube

Denkspiel Hund I Den Hund zu Hause beschäftigen mit dem Hütchenspiel I Überraschendes Ergebnis – YouTube

33 Hunde Spiele für drinnen & draußen, die dein Hund lieben wird ❤ (hunde-spiele.eu)

Hunde drinnen beschäftigen – die besten 9 Spiele für die Quarantäne-Zeit | Greenhero

Footstall Tutorial – Gestrecktes Bein – Beeindruckender Hundetrick Australian Shepherd – Bing video

Hundetraining – Die 6 Top Ideen zur cleveren Indoor-Auslastung – YouTube

www.unsplash.de

Wir danken Ihnen für Ihr Interesse und Ihr Vertrauen. Als Dankeschön dafür, haben wir eine besondere Überraschung. Wir haben ein Geschenk exklusiv für Sie und Ihren treuen Gefährten. Sie erhalten **25 großartige Rezepte für Hundekekse und das völlig kostenlos**. Die Rezepte wurden mit großer Sorgfalt ausgewählt. Ihr Vierbeiner wird es lieben, wenn er nach dem Spielen oder Zwischendurch leckere Hundekekse verspeisen darf. Schon mit wenigen Zutaten können Sie Ihrem Hund schmackhafte Leckerlies zaubern. Das klingt wunderbar? Dann warten Sie nicht lange und holen Sie sich Ihr Gratis-Geschenk.

Hier geht es zu Ihrem Gratis-Geschenk:

https://forms.gle/e1fUZqJRxvJttMFGA

1. **Öffnen Sie die Kamera-App auf Ihrem Smartphone und richten Sie die Kamera auf den QR-Code.**
2. **Klicken Sie auf den Link, der Ihnen angezeigt wird und schon werden Sie zur Website weitergeleitet.**

Impressum

Herausgeber: Malik & Mähleke GmbH / Ericusspitze 4 / 20457 Hamburg
Kontakt: kontakt@empireofbooks.de
Website: https://empireofbooks.de
Coverbild: Shutterstock

Haftungsausschluss:
Die Nutzung dieses Buches und die Umsetzung der enthaltenen Informationen, Anleitungen und Strategien erfolgt auf eigenes Risiko. Der Autor kann für etwaige Schäden jeglicher Art aus keinem Rechtsgrund eine Haftung übernehmen. Haftungsansprüche gegen den Autor für Schäden materieller oder ideeller Art, die durch die Nutzung oder Nichtnutzung der Informationen bzw. durch die Nutzung fehlerhafter und/oder unvollständiger Informationen verursacht wurden, sind grundsätzlich ausgeschlossen. Rechts- und Schadenersatzansprüche sind daher ausgeschlossen. Dieses Werk wurde sorgfältig erarbeitet und niedergeschrieben. Der Autor übernimmt jedoch keinerlei Gewähr für die Aktualität, Vollständigkeit und Qualität der Informationen. Druckfehler und Falschinformationen können nicht vollständig ausgeschlossen werden. Es kann keine juristische Verantwortung sowie Haftung in irgendeiner Form für fehlerhafte Angaben vom Autor übernommen werden. Die bereitgestellten Analysen, Vorschläge, Ideen, Meinungen, Kommentare und Texte sind ausschließlich zur Information bestimmt und können ein individuelles Beratungsgespräch nicht ersetzen. Alle Informationen dieses Buches entsprechen dem Kenntnisstand zum Zeitpunkt des Verfassens dieses Buches. Eine Haftung für mittelbare und unmittelbare Folgen aus den Informationen dieses Buches ist somit ausgeschlossen.
Informieren Sie sich weitläufig aus unterschiedlichen Quellen und bedenken Sie, dass am Ende nur Sie für die Entscheidungen verantwortlich sind.

Urheberrecht:

Haftung für externe Links:
Unser Angebot enthält Links zu externen Websites Dritter, auf deren Inhalte wir keinen Einfluss haben. Deshalb können wir für diese fremden Inhalte auch keine Gewähr übernehmen. Für die Inhalte der verlinkten Seiten ist stets der jeweilige Anbieter oder Betreiber der Seiten verantwortlich. Die verlinkten Seiten wurden zum Zeitpunkt der Verlinkung auf mögliche Rechtsverstöße überprüft. Rechtswidrige Inhalte waren zum Zeit-punkt der Verlinkung nicht erkennbar.